懶煮

MrsLazy Kitchen

45道好味易煮的懶人菜式

懶人包太太
MrsLazy.Kitchen 著

萬里機構

自序 Preface

童年時候的 MrsLazy，很愛跑進廚房跟媽媽做菜！過時過節更喜歡纏着媽媽一起炸角仔、蒸蘿蔔糕、包糭子。滿滿的回憶，都跟食物有關！媽媽廚藝了得，好多拿手菜，她的自家製盆菜，吃過的親朋戚友都讚不絕口。幸運的我，每天都吃着媽媽的佳餚長大。

身在福中不知福，到自己成家，因為忙這忙那，沒有太着重下廚。結婚初期，有時都想親手煮給先生吃，但那時笨手笨腳，煮一餐飯花上很多時間。MrLazy 可能不想餓着肚子等，索性把我勸退（唉），美其言說：「妳工作繁忙，不用辛苦自己！」。世界上，竟然有丈夫不用妻子做「煮婦」，我也被養懶了，一日三餐全交給工人姐姐，晚餐也變成了例行公事。

日子如常忙碌地過，直到小兒子包仔出生，家裏產生了微妙的變化。大女兒本身是很安靜乖巧的，弟弟出世後，開始有點納悶，覺得父母的愛被弟弟攤分了。但性格內斂的她，從來沒有表達。坦白說，所有的父母都是新手，我們也摸着石頭，嘗試用各種方法關心她。偶然一個機會，我為她做了個小茶點，寫了一張鼓勵她的字條，好像湊效了！漸漸地，親手為她預備食物，成為我關心她的語言。

因為女兒，我重燃對烹飪的興趣，由簡簡單單的甜品小吃學起，逐一解鎖自己有興趣的菜式。而烹飪的過程，也讓我很療癒。慢慢由一道菜做到一桌菜，能自如地招呼家人朋友，滿足感大增。大家相聚時間多了，家庭關係也更融洽！

我開始真正領會，一餐飯對一個家庭的意義。

心態變了但生活忙碌未變（無奈），我常常想，怎樣可以用簡單方法做美食，同時好味又見得人。偶然的機會開始在社交平台分享自己懶煮的食譜，沒想到很多人都喜歡。後來的電飯煲食譜系列受到大家歡迎，更是意料之外。而每次收到大家的烹飪功課，我都倍感親切。

我的食譜本身是微不足道，只有得到大家的信任，把它做出來才被賦予了意義。我希望我的簡易食譜可以鼓勵更多人入廚，讓更多人在家做飯，與家人共享天倫之樂。

很感恩生命中有這一段超乎想像的際遇，用了超過半年時間籌備這本食譜書，但一切都值得！我衷心把這本食譜書獻給我摯愛的爸爸媽媽、我的家人和各位支持我的網友們，謝謝大家成就了我第一本的食譜書，捧在手中，我珍而重之！

Mrs. Lazy

代序一 Preface

Mom always said she started cooking because of my rebellious puberty phase. While I beg to differ - I was a good kid. I do recall times when mom would bring me delicate lunch boxes and small treats.

Mom would prepare us little gifts and surprises with her signature handwritten post-its, probably telling us to do our best at school, enjoy the day and other little messages she would leave for us. There are also countless other small gifts and post-its she has written over the years, it is definitely taking up a lot of space in my drawers.

Other than giving a lot of thought for us, it is no secret that mom cooks very tasty food - but eating the same dish for the whole week is not always the most exciting thing.

During the phase of developing a kimchi hotpot recipe, we had that for 3 straight dinners. She would ask for our feedback, tweak her recipes, then come back with new flavours again. This happened for the kimchi hotpot, Char Siu and many other recipes throughout this book. I do feel like a professional taster sometimes.

I guess the outcome of my few kilos gained is this book and all the recipes she has curated for her readers over the years. So much work has been put into these "lazy" recipes and as much as I enjoyed my mom's food, I hope you will also enjoy the book and cooking for your children, family and friends.

MrsLazy 囡囡
Kristy

送給囡囡的
MrsLazy 免焗蕾絲雞蛋脆餅

代序二

經過媽媽的努力，我希望她可以出版食譜書。因為她經過了很多不同的困難，仍然堅韌不拔地研究食譜。謝謝媽媽煮給我吃的食物，真是津津有味。

記得有一次，我想吃巧克力布朗尼，媽媽為我做了；但我覺得這不是我想要的 Brownie，我想要中間有很多流心朱古力醬的。那時我跟她分享很多意見，她不但沒有不耐煩，還專注地聽我的意見。為了我的意見，她重複地試做很多次。終於有一日，她真的做到了我心目中最好味的 Brownie。

加油！加油！媽媽你一定會成功的！

MrsLazy 囝囝
Sam

送給囝囝的
MrsLazy 軟心布朗尼食譜

代序三

從沒想到老婆會出版食譜書…

一切都是由愛出發，為了表達對阿囡的關愛同行……

由一位獨具慧眼的事業女性到全職媽媽，無心插柳下，又轉身成為廚藝導師，分享食譜和生活點滴到不同的社交媒體，成為大家喜歡的 MrsLazy。欣賞她用心積極地去做每一件事情，在每一個範疇上都能自學提升。

我很喜歡 MrsLazy 這句口號：懶煮是方法不是態度。

老婆花了很多時間籌備這本書，希望留一個紀念給自己和家人，並報答支持她的網友。每一個食譜，她都用了不同的設定和方法，不斷嘗試及改良，當中的堅持和努力是局外人不能明白的，她只想做出一個既簡單易學，又別出心裁的食譜，又要美觀，更加要美味！她希望透過分享食譜祝福更多的人，讓愛傳開去，更多人能享受在家吃飯、共聚天倫之樂。

願大家都能藉着這本書分享更多的愛給你的家人和朋友。

感恩上帝的看顧和帶領我家，願一切榮耀都歸給祂。

MrsLazy 丈夫
Fai

網友 Fans 窩心分享

衷心多謝大家一直的支持！
每次收到各式各樣的烹飪功課，看到大家煮得美美的，又吃得開心，倍感親切。您們不吝嗇寫下真誠的分享，更令我動容。
謝謝大家的信任，讓我的食譜參與在您們的生活中，為我的食譜增加了寶貴的意義！

Elivia Ng（@Facebook）

多謝你的叉燒食譜分享，老公極讚！！話同出面食差不多。尤其我哋紐西蘭 lockdown 時，絕對可過口癮！

Like　Comment　Share

Chan Hoiyi（@Facebook）

整咗南瓜包，簡單健康又好味，一出爐全家每人一個就清晒喇！呢個食譜簡單，唔使搓到出膜，新手都可以輕鬆駕馭！

Like　Comment　Share

Agnes（@Cooking Class）

精彩、豐富、充實的油角實習課！由搓麵粉、包餡、包角仔邊，仲有做脆麻花，再落油炸等，學會很多技巧！超滿足！我一邊做，腦海浮現一幕幕兒時一家人跟祖母一起做角仔的美好時光，充滿溫暖！
多謝 MrsLazy 用足心機時間鑽研及設計今天的健康油角食譜，超好味！家人食到停不了口！

Irene Cheung（@Facebook）

真的簡單易做，對我零 Cooking 媽媽來說，可以和囡囡親子！連一向不愛吃甜點的爸爸和 12 歲哥哥都讚不絕口，真是驚喜！連留比姐姐嗰件都 KO 埋！

Like

Candy Li（@Facebook）

正到爆，超級方便又好味，對我們又返工又煮飯嘅 Mum 超一流！ 30 mins 內可以煮好餐飯！

Like Comment Share

加菲（@IG）

初次接觸 MrsLazy 食譜是電飯煲版古早味蛋糕，跟足步驟，第一次做就成功，超級開心！現在我的媽媽每星期都要食一個 (o^^o)。

隨後開始追蹤 MrsLazy YouTube 頻道每個食譜，最認同 Slogan：「懶煮是方法不是態度」。每個簡易食譜令我在烹飪道路上得到許多稱讚。看似複雜的菜式，只要跟着 MrsLazy 的簡易做法，就一定會成功！而且很多食譜低糖少油，很適合小朋友和老人家。

很感恩遇上「MrsLazy.Kitchen 懶人包太太」頻道，無私的分享，令忙碌的生活有了懶煮 / 簡易的食譜，的確幫助很多，只需幾樣材料，可以做出美味的甜點和菜式。

Like Comment Share

JC（@Facebook）

我一生試咗好多次蒸蛋、燉蛋，但係冇一次成功，今次終於得咗，好多謝你呀！

Like Comment Share

shun fan（@YouTube）

真的很喜歡看你教的食物料理，好認真，簡單、易學，又容易成功，使我有信心去學做，謝謝 MrsLazy!

Like Comment Share

Gigi Hong（@Facebook）

用咗你方法好正呀！真係發得好好，多謝分享！

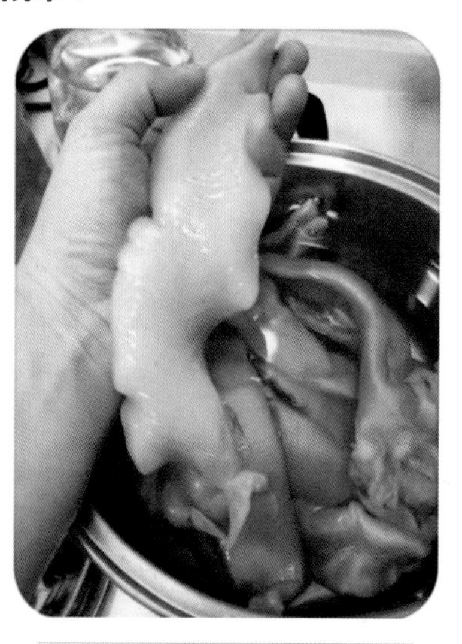

Like Comment Share

Katie Chung（@Facebook）

跟住 MrsLazy 嘅食譜做過唔同菜式，無論賣相定係味道每次都好成功，而呢個「合桃香蕉蛋糕」係我做得最多次嘅～低糖少油，甜度啱啱好，大人小朋友都啱食～ 屋企人話鍾意就算放過夜都仲係乾身唔會濕～

Like Comment Share

TC（@Facebook）

今日跟您方法煮咗，好好味同埋好易煮。謝謝指導！

Like Comment Share

Malay（@Cooking Class）

我今次係第一次上烹飪班，十分好的經驗！老師細心教導，循序漸進，令完全零煮食經驗的我，也十分有滿足感和成功感！

老師非常體貼，還為我們預備新年精緻的裝飾禮盒，令整件事更加圓滿！希望下次，繼續有機會參加老師的烹飪班！

Like Comment Share

Sharly Choi（@YouTube）

工人姐姐跟 YouTube 整很成功！佢哋已經 follow 你，話返菲律賓都要整比啲細路食！ MrsLazy 請加油，期待你更多好介紹！

Like Comment Share

Joe Chow (@Facebook)

手殘新手也可以做到，簡單美味！推薦！！

Like Comment Share

Ivy Wong (@Facebook)

麵包剛剛出爐，香噴噴，成層樓街坊都聞到！多謝妳分享嘅食譜！

Like Comment Share

Letty Wong (@Facebook)

非常感謝 MrsLazy 分享的電飯煲版蛋糕系列！電飯煲版蛋糕簡單易做，MrsLazy 指導嘅製作步驟清晰，成功率高，真係好有滿足感！啱晒我哋呢啲初學者，又唔使買到成屋烘焙工具，拿起手就齊嘢整得，可以過吓手癮！超正！
蛋糕試咗好清新既柚子味同香濃朱古力味，夠晒鬆軟！ Share 比好多姊妹，個個都話正呀！

Like Comment Share

佚名 (@YouTube)

真心要同你講多謝！我 4-6 月放無薪假期，個人唔太開心。突然有一日我睇到你呢條片，我想在星期一日嘅無薪假整吓蛋糕、煮吓飯，等自己有事做，呢家無薪假暫停，但我都有煮飯同整麵包／蛋糕。我由以前唔太識整蛋糕，到呢家識少少，都係你嘅啟發。我奶奶生日，我都整左呢個蛋糕比佢，佢好開心呢！

Like Comment Share

Moon Ivy (@Cooking Class)

烹飪班主題係我至愛的酸辣湯同我仔最喜愛的手打烏冬，我以為很難做，原來比我想像簡單，而且味道好味到不得了，回家後我還將酸辣湯配上自家製餃子給家人吃，睇到佢哋表情我已知沒有報錯班了！另外，最重要是導師懶人包太太，她好 nice、好體貼，搵些懶人方法（即較簡單嘅方法）整一般人認為好難嘅食物，達到理想效果！期待下次再參加她的烹飪班！

Like Comment Share

Vivienne Wong（@IG）

最近我第一次開始整麵包，完全未學過，冇任何技巧下，喺 YouTube 見到你嘅食譜已經好有興趣，即時 follow 你嘅 YouTube & IG。好開心，最近三次整麵包都非常成功，有南瓜麵包、朱古力麵包、電飯煲牛奶麵包。好多謝你！喜歡你用唔同方法，好方便，我兩個女同老公好鍾意食，期待再跟你學整更多麵包！

Like Comment Share

Rebecca Ha（@Facebook）

家鄉蒸肉餅，超多汁又鬆軟，好好味。大人、小朋友都食唔停口！跟住懶人包太太煮嘢食，無難度！

Like Comment Share

Chee Cheehee（@Facebook）

已經跟咗懶人包太太整嘢食一段時間喇！我本身入廚經驗係零，估唔到睇懶人包太太嘅 post，竟然可以煮到一兩味見得吓人。煮嘢食其實好簡單，無論係雪糕、小菜、小食，都真係幾好味！懶人包太太麻煩你繼續出多啲 post，教我煮多啲餸！

Like Comment Share

Meimei (@IG)

多謝你分享咁多電飯煲食譜，等無焗爐嘅人都可以整蛋糕！ Follow 咗好多年，第一次交功課，請笑納！
食譜極易 handle，材料同做法好簡單，我兩歲嘅仔仔都可以做到，多謝你呀！佢整得好開心！

Like Comment Share

Maple（@IG）

多謝 MrsLazy 精簡體貼嘅教學呀！我第一次整麵包，原來唔係想像中咁難，雖然整得唔靚仔，但都算好成功，仲好好味呀！

Like Comment Share

劉淨怡（@Facebook）

我當時搜尋了很多影片，只有妳的方法最簡單，而且最好吃，我也是懶人！我發現妳的點心都是做給孩子吃的，所以糖會減量，還有泡打粉盡量不加，做出來的成品都好美～影片拍得又很棒，真的太感謝妳的分享！（我知道妳拍影片前配方一定試了又試，才能讓我們懶煮！）

Like Comment Share

Fiona Ho（@ Facebook）

Super yummy and easy to follow recipes! Highly recommended for beginners, thank you MrsLazy!

Like Comment Share

Candy Lau（@Facebook）

Excellent! Clear, simply and delicious recipes, very "follower friendly", highly recommend to those who love cooking or even beginners, thanks MrsLazy.

Like Comment Share

Natalie Pun（@Facebook）

咖喱魚蛋好好食，全家人都話好食過街買。謝謝食譜，有機會大家要一試！

Like Comment Share

A-Lin Cheung（@Facebook）

好好味呀！ Thank you!

Like Comment Share

懶煮是方法，不是態度

目錄 Contents

MrsLazy 用四大廚具，簡單做出 45 款美味菜式，輕鬆與家人朋友分享。

懶煮家常菜 · 宴客菜
Home-style and Banquet Dishes

簡易前菜 · 涼拌菜
Easy Appetizers

懶煮養生湯
Nourishing Soups

* 內附額外超過 15 款 MrsLazy 簡易電飯煲視頻食譜。

家常四大廚具

MrsLazy 愛煮但又怕煩！所以很明白食譜要容易，工具要簡單，才有興趣開始煮，慢慢有滿足感後，才會常常煮食！

這本書內的所有食譜，是用最普通的四大廚具來設計，希望每個家庭都可以用簡單工具炮製美食，與家人和朋友一起分享！

平底鑊

這是我最常用的一件廚具！一般會選易潔不黏鑊的材質，方便用也方便洗。尺寸方面，我常用的是小型（24cm）及大型（28cm）兩款，方便做不同煎煮菜式。

平底鑊最好配上蓋子，因為這樣可以做出煎焗效果，特別是煎肉時，加上蓋待一會，有助熱力滲入肉類，加快熟透之餘，也可以避免肉汁蒸發。

湯鍋

不同尺寸的湯鍋是必須的，我常用的三個尺寸是：18cm 單柄鍋、20 或 22cm 雙耳鍋及 26cm 大湯鍋，不同湯鍋可處理不同的菜式，如煲、滾、焗、燉及炸。

有些人會選用鑄鐵鍋，其特點是傳熱快和保存熱力高，烹調焗燉菜式比較有優勢；但價格較貴，在日常煮食中，這不是必須的，主要視乎個人喜好吧！

深鑊

通常用作烹調分量較多或需要翻炒的菜式，因深鑊的空間比平底鍋好，也可以用作蒸餸。我家常用兩個尺寸： 28cm 及 32 或 34cm。添置那款尺寸，建議要考慮家中收納空間而定，一般視乎存放方便，否則很容易懶得用。

電飯煲

MrsLazy 家中用的電飯煲是 1.8 公升容量。現時的電飯煲除了煮飯外，還可透過煮食創意，做出不同的菜式。電飯煲的好處是使用電力而毋須睇火，煮食後也易於清洗。MrsLazy 過去幾年，不斷研究用電飯煲做出不同菜式，曾試過用電飯煲做烘焙類（如蛋糕、麵包、饅頭等）；中式糕點（如蘿蔔糕、馬蹄糕等），甚至用電飯煲浸發花膠。現在加上書內介紹電飯煲炮製的宴客菜及懶煮方

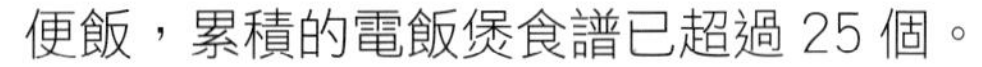

便飯，累積的電飯煲食譜已超過 25 個。

掃瞄 QR code，觀看 MrsLazy 超過 15 款簡易電飯煲視頻食譜。

MrsLazy 常用廚房小工具

MrsLazy 是家品控，很喜歡逛家品店，也很喜歡選購各類家品、廚具:)當我真正煮食時，卻喜歡用最少、最簡單的工具完成。MrsLazy 這本食譜書，就是用簡單的工具做出各式各樣美食。除了必備的刀具、筷子、容器外，這裏分享一下 MrsLazy 常用的小工具。

量匙

MrsLazy 的食譜，必定使用量匙，其最大的好處是讓食譜容易跟隨，成功率高。MrsLazy 食譜是用標準量匙，一般常用的是湯匙（大匙）15ml、茶匙（小匙）5ml。另外，我也常備一把標準量匙，容量分別是 1/4 茶匙、1/2 茶匙、1 茶匙、1/2 湯匙及 1 湯匙，量度食材時更方便。

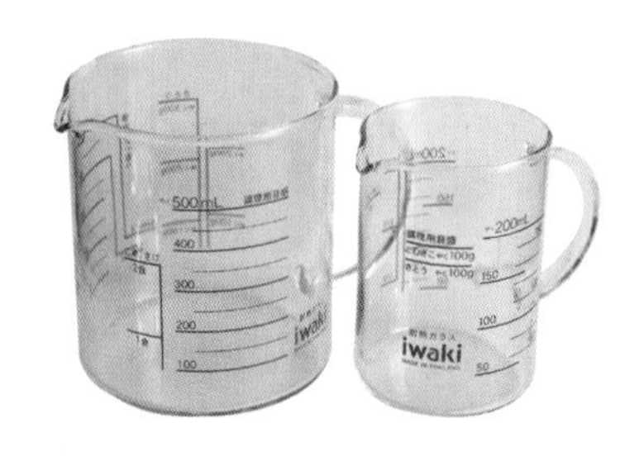

量杯

量杯的用途與量匙相同，MrsLazy 常用的量杯有兩款，小的 200ml，大的 500ml。如食譜內需要的調味料或液體食材量比較多，我會使用量杯。

廚房電子磅

對於煮食新手來説，能掌握食材的分量比例，能提升烹調的成功率，MrsLazy 建議大家使用電子磅。電子磅宜備有「一鍵置零」功能，即把容器放在磅上，按「置零鍵」後再放上食材，電子磅會秤出食材的淨重量。如大家愛做烘焙，建議選購有一位小數的電子磅，因烘焙要求的比例需要更準確。

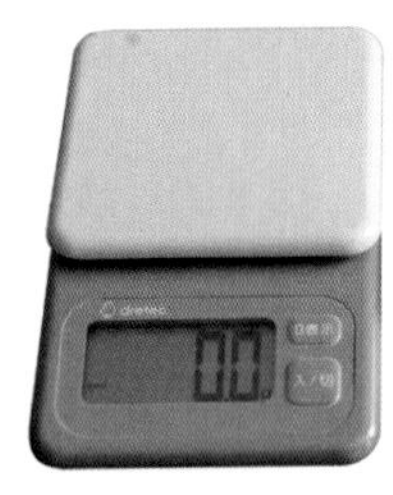

一把手

在 MrsLazy 食譜裏，如食材分量毋須太精準的話，我會用最懶的方法——一把手來秤量。當然我的一把手是女性的手，如果你是男士的話，可以稍稍減一點就可以了。

計時器

除了調味料及食材分量控制得宜外，時間控制也是讓 MrsLazy 食譜容易跟着做的原因之一。我的食譜盡量寫上煮食時間，但因煮食火力、廚具傳熱能力各有不同，所以大家依着食譜烹調時，也要配合目測及試味，按現場情況加減烹煮時間。

打蛋器

MrsLazy 會用筷子或叉子拂打雞蛋，那為甚麼購買打蛋器呢？打蛋器的設計是由多線組成，有些步驟需要在短時間拌勻材料，用打蛋器比用筷子效果更好，例如電飯煲馬蹄糕 （p.32）需要將馬蹄粉漿盡快拌入煮好的糖水，用打蛋器會更快拌勻，防止結塊。

隔篩

過篩可以去除食材的雜質（例如猴頭菇姬松茸蟲草花強身素湯，p.152）；另外，過篩也為了讓混合物更順滑 （例如電飯煲馬蹄糕，p.32)。我一般備一大一小的隔篩，方便於不同步驟使用。

刨絲器

食材需要切成幼絲，除了刀切之外，MrsLazy 很喜歡使用刨絲器，很簡單就能將食材刨成絲，使用後也容易清洗和收藏 （例如越南芒果米紙卷，p.106)。

MrsLazy 電飯煲煮食小貼士

市面上電飯煲的種類繁多，越來越多人利用電飯煲製作其他餸菜。MrsLazy 在本書使用的電飯煲，是屬於普通型的電飯煲，大致上內膽是防黏物料，並有「白飯模式」功能就可以了。
運用 MrsLazy 電飯煲食譜時，可留意以下的溫馨小貼士，減低失敗的機會。

1. 電飯煲容量

市面上的電飯煲一般有大小兩款容量。小型電飯煲一般是 1 公升容量，約煮 5 量米杯；大型電飯煲多數是 1.5-1.8 公升容量，約煮 10 量米杯。書中的食譜分量依大型電飯煲容量設計，如使用小型電飯煲的話，需要將食材分量按比例減半。

2. 電飯煲內膽尺寸

即使是相同容量，不同牌子的電飯煲，其內膽設計也有差別，製作菜式影響不大；但若焗製麵包、蛋糕及中式糕點時，會影響製成品的形狀和高度。以市面上兩大牌子的電飯煲為例，容量雖是 1.8 公升，但 P 牌子的內膽直徑 20cm，T 牌子內膽直徑是 18cm，故相同分量的食譜，用 P 牌子做出來的成品會較扁平。

3. 電飯煲防黏內膽

除非是舊式電飯煲，現時的電飯煲內膽都是防黏物料，所以食譜步驟不一定需要抹油防黏。如步驟必須預先抹油，我會在食譜步驟註明。

4. 電飯煲功能

很多電飯煲都附加不少功能，如燜煮、煲湯及煲粥等；但為了讓大家容易依着做，所有 MrsLazy 電飯煲食譜，都以最普通的「白飯功能」來設定，大家毋須改用其他功能。

5. 電飯煲「白飯功能」烹煮時間

不同電飯煲的功能設計及熱力設定不同，煲煮白飯所需的時間也有差異。如電飯煲的熱力設定較高，煮飯時間較短。市面上兩大電飯煲牌子（P 牌子和 T 牌子）的基本款式，煮白飯時間約 35-37 分鐘。本食譜書所用的電飯煲，按一次白飯模式也介乎 35-37 分鐘。有個別牌子的電飯煲，會少於 25 分鐘煮好白飯，故完成一次白飯模式後，可以打開蓋檢查是否需要再加點時間。

6. 電飯煲煮食常見問題：「按兩次白飯功能」

MrsLazy 有些電飯煲食譜需要烹煮長些時間，需要「按兩次白飯模式」及總計時 60 分鐘。有人會問，煮一次白飯是 35-37 分鐘，那兩次應該超過 60 分鐘才對。但其實按第二次白飯模式時，電飯煲已省卻預熱時間，所以再次按白飯模式時，實際上會少於 35-37 分鐘。

7. 電飯煲煮食常見問題：個別電飯煲預設功能

雖然大部分電飯煲功能大致相同，但有些設計的差異需要多加注意。以「電飯煲鹽焗雞」為例，P 牌子電飯煲在設計上有智能設定，能感應烹煮時食物的濕度，如覺得水分仍有很多，會自動延長烹煮時間。如你家中使用 P 牌子時，按下白飯模式後，需要按動計時器，設定為平時煮白飯的所需時間（如 35-37 分鐘）。時間到了，即使電飯煲顯示仍在烹煮，也應打開蓋檢查食物情況。
T 牌子電飯煲暫未有感應設定，所以按一次白飯模式，完成後可開蓋檢查。

總的來說，電飯煲幾乎是每個家庭必備的家電，而不同牌子、不同型號的電飯煲，跟其他家電一樣都有其個別脾性，只要多加練習，掌握電飯煲烹煮的特性，不難用它烹調更多創意菜式。

MrsLazy 食材處理小貼士

煮食，其實沒有想像中困難，了解不同食材的處理方法，可事半功倍。MrsLazy 分享一下我的方法給大家參考 :)

全雞

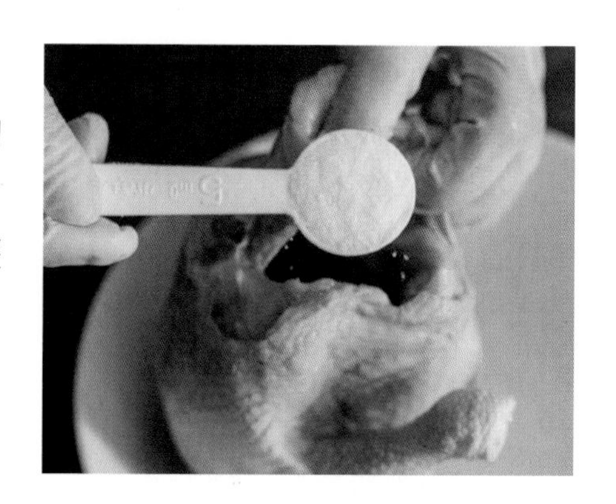

全雞買回家後，可切去頸及臀部，雞爪切割後，剪平指甲。

將鹽 1 茶匙放入雞腔抹擦，用水清洗，瀝乾水分，這樣可去除雞腔內血塊和腥味。

豬腱及豬骨

用來煲湯的豬腱或豬骨，用汆水方法去除血肉腥味和不好的雜質。預備一鍋清水，凍水下肉，開中火煲滾，水開始滾即關火，此時水會變得混濁，因豬肉的血水和污穢物會被迫出來，沖洗乾淨後即可使用。

腩肉及排骨

豬腩肉或排骨需要用調味料醃味，則不適合用汆水方法。如果想去除血腥味，可先放入水，加入粟粉 2 茶匙拌勻浸泡數分鐘，然後用手抓洗，會令血水及雜質釋出，沖洗乾淨後可醃味。

牛肉

牛肉跟豬肉的處理方法不同，牛肉片不用沖洗。而牛肉或牛腱等部位只需用水簡單沖洗後可直接烹調。牛肉有獨特的牛香味，大部分牛肉都不建議用汆水處理，否則會減掉濃郁的牛味。

蝦

新鮮蝦買回來後，毋須清洗，直接放進雪櫃保鮮。急凍蝦需早一天從冷凍櫃轉放雪櫃，讓蝦在雪櫃內自然解凍，減少細菌滋生。無論是新鮮或急凍蝦，宜在烹調前半小時處理，更能保存海鮮的鮮味。

蝦的處理方法並不複雜，用剪刀剪掉蝦腳、蝦鬚，再修剪額劍，最後用牙籤在蝦肚挑出蝦腸，沖洗及瀝乾後可使用。

鮑魚

鮑魚放入滾水浸泡 20-30 秒（視乎鮑魚大小），取出，用鐵匙或刀起出鮑魚，去掉膽和內臟，剪去鮑魚咀，用柔軟牙刷沾上粟粉輕擦鮑魚邊，因鮑魚浸熱水後，污漬較易清除。

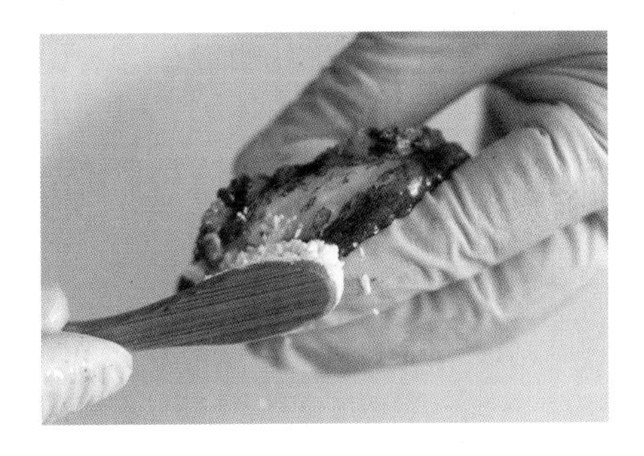

花螺及花蛤

貝殼類海鮮買回來後，建議立刻放入雪櫃保鮮，待煮前半小時才處理，更能保存海鮮的鮮味。

花螺及花蛤沖水洗淨後，放入盛有溫水的盤，加入粟粉 2 茶匙拌勻，浸泡 30 分鐘吐沙，再用粟粉水抓洗，洗擦花螺外殼，完成後沖洗乾淨。

懶煮小貼士 TIPS

* 貝殼類吐沙的方法各有不同，各施各法，長輩會教在水中加一塊鐵器，也有教用鹽水浸泡。MrsLazy 花了些時間研究箇中道理，我自己喜歡用「溫水粟粉浸泡法」，因溫水並非貝殼海產的習慣環境，在感到不舒服情況下會張開口，加上粟粉有吸附能力，配合抓洗方法，讓貝殼類更易吐出沙子來。
* 在處理海鮮及豬肉類方面，MrsLazy 較喜歡用粟粉，因其吸附能力很強，可帶走食物中污穢。粟粉性質溫和，不帶任何味道，並不會影響海鮮和肉類的肉質和味道。

簡易輕食．甜品

我的烹飪路，
是由輕食或甜品開始。
大家不妨跟我的簡易食譜，
親手做一道小食或甜品給家人品嘗，
您會發現做法其實不難，
做出來還美美的，大大增加成功感 :)

Sweet treats and Snacks

Osmanthus and Goji Berry Jelly

桂花糕要做到桂花香而不苦，要用焗桂花的方法。
我家姐喜歡吃這個甜點，我當然很樂意為她做，
因為親手做的食物，就是為了傳遞愛！

材料
INGREDIENTS

① 乾桂花 ~~~ 5 克

② 熱水 ~~~ 300 毫升（分為 A 桂花用：150 毫升、B 杞子用：50 毫升、C 魚膠粉用：100 毫升）

③ 杞子 ~~~ 10 克

④ 室溫水 ~~~ 50 毫升

⑤ 魚膠粉 ~~~ 18 克

⑥ 冰糖 ~~~ 60 克

懶人包太太做法
METHOD

1. ① 乾桂花用清水浸洗一會，用匙取出浮面的桂花，沉底的不要（圖 a）。桂花放入杯中，加 ②A 熱水 150 毫升，加蓋焗約 20 分鐘至散出桂花味（圖b）。
2. ③ 杞子洗淨，放碗內加入 ②B 熱水 50 毫升，加蓋焗約 10 分鐘，取出待用。
3. 桂花水和杞子水一併過篩，待用（圖 c）。
4. 小鍋內加入 ④ 室溫水和 ⑤ 魚膠粉（圖 d），攪勻後加入 ②C 熱水 100 毫升、⑥ 冰糖，開小火煮至糖及魚膠粉完全溶化，加入杞子桂花水拌勻，倒進玻璃容器（圖 e）。
5. 最後灑入適量杞子和桂花，加蓋，放進雪櫃冷藏一個晚上，完成！

懶煮小貼士
TIPS

* 用焗的方法處理桂花，能保持桂花香味，卻不會帶有茶的苦味。
* 跟我這個方法處理魚膠粉，不會結成塊狀，不妨試試看。
* 水 1 毫升等於 1 克重量，如家中有電子秤，建議用來秤量，水分量準確，成功率更高！
* 這個食譜是小分量，方便大家試做。如果想做多一點，可直接將材料分量增大兩倍。

電飯煲馬蹄糕

Rice Cooker Water Chestnut Cake

用電飯煲做蘿蔔糕成功後，我又忽發奇想，
電飯煲可以做馬蹄糕嗎？老實說，我失敗了幾次，
但好奇的我還是沒放棄，反複嘗試，最後打開電飯煲，
真的成功了，而且做出來的口感跟蒸的沒差別，
那份成功感是很難形容的！

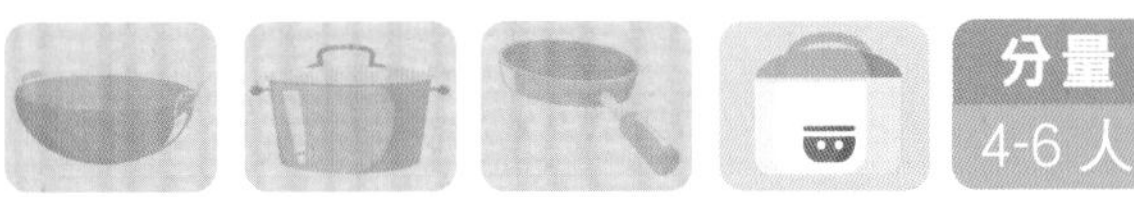

材料
INGREDIENTS

①馬蹄 ~~~ 20-22 顆

②冰糖 ~~~ 150 克

③紅糖 ~~~ 100 克

④馬蹄粉 ~~~ 180 克

⑤清水 ~~~ 1 公升

懶人包太太做法
METHOD

1. ①馬蹄洗淨，去皮切片，泡在食用水內防止氧化（圖 a）。
2. 將一半⑤清水（500 毫升）倒入④馬蹄粉內，拌勻，過篩一次備用（圖b）。
3. 鍋內倒入餘下清水（500 毫升），加入②冰糖及③紅糖，全程用小火煮溶，期間攪拌糖水以防黏鍋。
4. 攪拌步驟 2 的馬蹄粉漿，將半份加入糖水內，用打蛋器拌至順滑，見混合物開始濃稠變糊狀（圖 c），即關火。
5. 攪拌餘下的馬蹄粉漿，加入糖水內並快手攪勻（圖 d），最後加入馬蹄片輕鬆拌勻。
6. 電飯煲內抹一層薄薄的油，倒入馬蹄糕漿。
7. 按「白飯模式」一次，完成後再按一次，總計時 60 分鐘。完成後呈透明狀（圖 e），用竹籤戳進糕內，沒有粉漿黏着即完成，關上蓋待在電飯煲內，待涼後可倒扣，煎吃更美味。

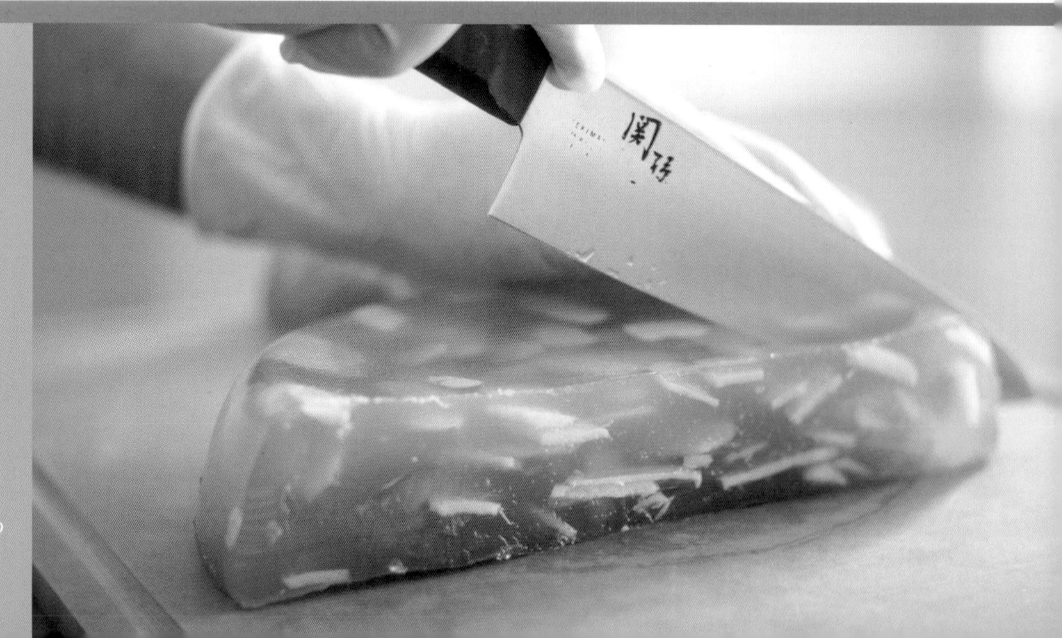

懶煮小貼士
TIPS

* 馬蹄粉的粒子比較粗，所以加水開成粉漿後必須過篩一次。
* 打蛋器能幫助大家更輕易及快速攪拌混合物，做出順滑的效果。
* 不同糖的配搭影響馬蹄糕的顏色，如想做到金黃色澤，跟着食譜做吧！
* 這個分量是使用 1.8 公升電飯煲；如果是 1 公升小型電飯煲，所有材料減半就可。

電飯煲豆腐花

Rice Cooker Tofu Pudding Dessert

有沒有想過一碗熱騰騰的豆腐花，
可以在家簡單用電飯煲製作？跟小朋友一起做，
他們都會嘩嘩聲，家中頓時充滿喜悅！

材料
INGREDIENTS

① 無糖豆漿 ~~~ 900-1,000 毫升
② 熟石膏粉 ~~~ 1-2 茶匙
③ 粟粉 ~~~ 2 茶匙

薑糖水材料
GINGER SYRUP

④ 薑 ~~~ 6-8 片（拍扁）
⑤ 片糖或紅糖 ~~~ 30-40 克
⑥ 清水 ~~~ 100 毫升

懶人包太太做法
METHOD

1. ② 熟石膏粉和 ③ 粟粉放電飯煲內膽，加入 ① 無糖豆漿 2 湯匙拌勻至無粉粒（圖 a）。
2. 其餘豆漿放入無油乾淨的小鍋，以中小火煮至冒煙微滾，關火。
3. 將熱豆漿倒進電飯煲內膽（圖 b），千萬不要攪拌。
4. 放回電飯煲內，蓋一張廚房紙以防倒汗水（圖 c），加蓋，計時 30 分鐘完成。
5. ④ 薑片、⑤ 片糖及 ⑥ 清水煮至糖溶化（圖 d），待涼；進食時伴薑糖水。

懶煮小貼士
TIPS

* 煮豆漿的溫度很重要，開始冒煙即可，毋須大滾。
* 熟石膏粉的分量會影響豆腐花的口感，想挺身一點的可增加些；想軟一點的可減少些，以這個食譜為例，範圍是 1-2 茶匙。
* 薑糖水的薑和糖的分量，可按個人喜好加減。如想再懶些，直接加紅糖在豆腐花上，已很不錯。

電飯煲冬瓜桂圓茶

Rice Cooker Winter Melon Tea with Dried Longan

台灣的冬瓜茶清涼解渴，我弄了一個電飯煲簡單版，特別方便！
冬瓜潤肺生津，清熱消暑，
給家人做冰涼的冬瓜茶，比喝汽水更健康！

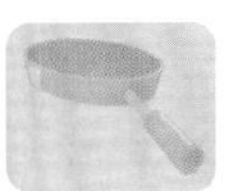

材料
INGREDIENTS

①冬瓜 ~~~ 1,200克(約2斤)

② 黑糖 ~~~ 150 克

③ 桂圓 ~~~ 1 把手

④ 冰糖 ~~~ 100 克

懶人包太太做法
METHOD

1 ①冬瓜洗淨，去皮及瓜瓤，保留備用；冬瓜肉切丁，全部放進電飯煲(圖a)。

2 加入 ② 黑糖拌勻（圖b），不用加水，糖會讓冬瓜出水（圖c），靜置60 分鐘，每隔 20 分鐘攪拌一次。

3 ③ 桂圓洗淨，和 ④ 冰糖一併放進電飯煲（圖d），按一次「白飯功能」，計時 35-37 分鐘後關掉，完成後不用開蓋，多焗 15 分鐘。最後取出過篩，擠出濃縮的冬瓜茶精華。

4 每次取適量冬瓜茶膽，加開水或冰塊拌勻飲用，非常解暑！

懶煮小貼士 TIPS

* 將冬瓜皮和冬瓜瓤一齊煮，清熱解暑的藥膳功效更佳。
* 這個食譜設計是混合黑糖和冰糖來做，令冬瓜茶更清潤。
* 冬瓜茶可以熱飲或凍飲。甜度可以在加熱水或冰塊時自行調節，冬瓜茶膽放入雪櫃可保存 1-2 星期。

寶石啫喱

Broken Glass Jelly

寶石般的啫喱，
大小朋友都一見傾心。
我刻意用花奶代替牛奶，
不用加糖，淡淡的花奶味，
跟甜甜的啫喱，甜度配搭得剛剛好！

分量
4人

材料
INGREDIENTS

① 啫喱粉 ~~~ 4 盒（不同顏色）

② 熱水 ~~~ 180 毫升（預備 4 份熱水，共 720 毫升）

③ 魚膠粉 ~~~ 2 湯匙（約 20-22 克）

④ 室溫水 ~~~ 4 湯匙（約 60 毫升）

⑤ 熱水 ~~~ 100 毫升

⑥ 花奶 ~~~ 1 罐（380-400 毫升）

a b

懶人包太太做法
METHOD

1. ① 每盒啫喱粉各自放入不同容器，加入 ② 一份熱水（180 毫升）拌勻，放進雪櫃 6 小時以上至凝固（圖 a）。
2. 將凝結的啫喱切成小粒，將四色啫喱粒混合，放在大容器（約 2 公升玻璃、塑膠或防黏容器）（圖 b）。
3. ③ 魚膠粉加入 ④ 室溫水完全拌勻，隨即加入 ⑤ 熱水，拌勻至沒有結塊，再加入 ⑥ 花奶拌勻。
4. 將混合的花奶倒入大容器內（圖 c），放雪櫃一個晚上，取出切件，完成！

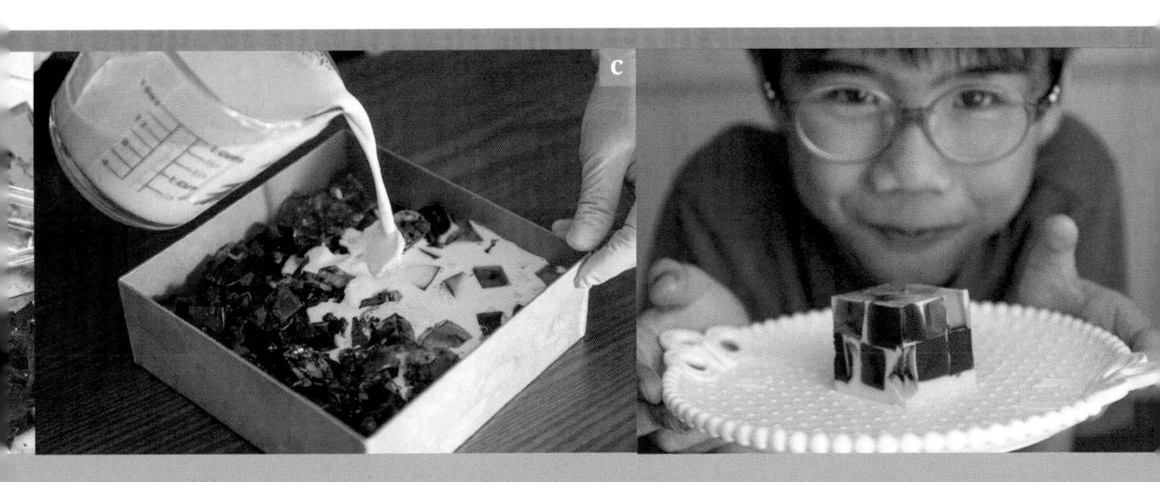
c

懶煮小貼士
TIPS

* 跟我這個方法調溶魚膠粉，不會結塊，也不用開火，簡單方便！
* 啫喱雪藏的時間長一點（如 12 小時或以上）較易脫模。
* 如果想啫喱挺身一點，可以將魚膠粉增加至 25 克。

一口蝦沙拉脆脆米餅

One-bite Rice Crackers with Shrimp Salad

完全不用開火的小食，4 個簡單步驟做完，
跟小朋友一起做，是好吃又吸睛的 Party Food！

材料
INGREDIENTS

① 蘋果 ~~~ 1 個（小型）

② 牛油果 ~~~ 1 個（小型）

③ 急凍蝦仁 ~~~ 10 隻

④ 日式蛋黃醬 ~~~ 適量

⑤ 黑胡椒碎 ~~~ 隨意

⑥ 米餅 ~~~ 10 片（可選不同口味）

⑦ 日式芥辣脆豆 ~~~ 隨意

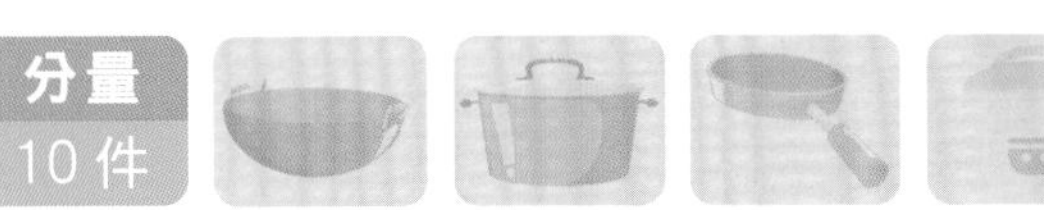

懶人包太太做法
METHOD

1. ①蘋果和②牛油果切粒。
2. ③急凍蝦仁解凍、去腸；燒一鍋水，水滾下鹽1茶匙，加入蝦仁灼至轉色剛熟，放冰水完全降溫，用廚房紙吸乾水分（圖a），這樣的蝦仁爽口好味！
3. 加入適量④蛋黃醬及⑤黑胡椒碎，與以上三種材料拌勻（圖b），試味。
4. 將拌勻的材料放在⑥米餅上（圖c），加幾粒⑦日式芥辣脆豆，吃起來味覺和口感更豐富，非常推薦！

懶煮小貼士
TIPS

* 切好的蘋果浸淡鹽水；切好的牛油果擠點檸檬汁，可防止氧化變色。

* 注意做沙律的牛油果，不要挑太熟的，否則讓沙律變得很糊。

桃膠紅棗桂圓糖水

Red Date and Dried Longan Sweet Soup with Peach Resin

MrsLazy 這款中式糖水，完全不用磅，用手一量，輕輕鬆鬆煮到滋潤又美味的甜品～

懶煮小貼士 TIPS

* 如喜歡爽口一點的桃膠，可在最後 15 分鐘才加入。
* 這個甜品熱吃或凍吃也適宜。
* 可配上全脂奶或花奶伴吃，增添奶香，是另一種風味！

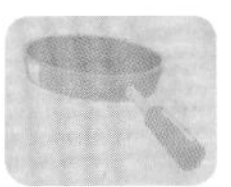

材料
INGREDIENTS

① 桃膠 ~~~ 半把手

② 桂圓 ~~~ 一把手

③ 百合 ~~~ 半把手

④ 紅皮蓮子 ~~~ 半把手

⑤ 紅棗 ~~~ 10-12 粒（去核）

⑥ 清水 ~~~ 1 公升

⑦ 冰糖 ~~~ 30-40 克

懶人包太太做法
METHOD

1. ① 桃膠用一大碗食用水浸泡 10-12 小時，至變軟沒有硬芯。浸發好的桃膠充份吸收水分，發大至幾倍。

2. 藏在桃膠內的污垢雜質會浮出來，用牙籤挑走（圖 a-b）。

3. 將 ①-⑤ 材料沖洗乾淨，放入鍋內，加入 ⑥ 清水。水滾後轉中小火煲 30-45 分鐘，至紅棗散發香味（圖 c）。

4. 由於紅棗及桂圓帶甜味，試味後才加適量 ⑦ 冰糖，完成了！

免焗吞那魚吐司

No-bake Tuna Toast

小朋友都喜歡吃吐司，但家中沒有地方安置吐司機，怎麼辦？
試試跟我的方法，用平底鑊可以輕鬆做到吐司，
每片都脆脆的，加上牛油更香口！

材料
INGREDIENTS

① 罐裝吞拿魚 ~~~ 100 克

② 粟米粒 ~~~ 3 湯匙

③ 洋葱粒 ~~~ 3 湯匙（切幼粒）

④ 日式蛋黃醬 ~~~ 4-5 湯匙

⑤ 黑胡椒 ~~~ 適量

⑥ 方包 ~~~ 1 片

⑦ 牛油 ~~~ 5-10 克

⑧ 乾芫荽 ~~~ 隨意

分量
2人

懶人包太太做法
METHOD

1. ① 吞拿魚用叉子搓開，加入 ② 粟米粒及 ③ 洋葱粒，再下 ④ 日式蛋黃醬拌勻（圖 a），最後灑些 ⑤ 黑胡椒。
2. ⑥ 方包一片切成 4 小塊。平底鑊開小火，下 ⑦ 牛油至溶化，放上方包，兩面沾上牛油，慢慢煎至兩面金黃即可（圖 b）。
3. 每片小吐司放上拌好的吞拿魚醬，最後灑些 ⑧ 乾芫荽裝飾，美美的輕食完成了！

懶煮小貼士
TIPS

* 生洋葱切成幼粒，加入吞拿魚醬內，大大提升味道層次，非常推薦（圖 c）；如不吃生洋葱也可以省略。
* 做好的吞拿魚醬，放入密實盒於雪櫃可保存 2-3 天。

電飯煲免揉豆漿煉奶包

No-knead Rice Cooker Soymilk Bread

沒有焗爐都可以做出鬆軟麵包？

真的！而且用免揉的方法來做，不用機器也不用手揉，簡單方便。

學會了，每天都可以做新鮮麵包給家人吃啊！

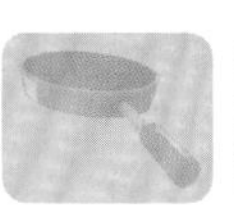

材料
INGREDIENTS

＊分量適用於電飯煲直徑約 17cm（麵糰分割 7 份，每份約 63 克）

① 無糖豆漿 ~~~ 160 克

② 糖 ~~~ 20 克

③ 乾酵母 ~~~ 3 克

④ 煉奶 ~~~ 20 克

⑤ 菜油 ~~~ 20 克

⑥ 高筋麵粉 ~~~ 220 克

⑦ 鹽 ~~~ 3 克

＊分量適用於電飯煲直徑約 20cm（麵糰分割 9 份，每份約 60 克）

① 無糖豆漿 ~~~ 200 克

② 糖 ~~~ 20 克

③ 乾酵母 ~~~ 3 克

④ 煉奶 ~~~ 20 克

⑤ 菜油 ~~~ 20 克

⑥ 高筋麵粉 ~~~ 280 克

⑦ 鹽 ~~~ 3 克

懶人包太太做法
METHOD

1. 預備一個大容器，加入 ① 豆漿和 ② 糖拌勻，再加入 ③ 乾酵母（圖 a），蓋上布待 15 分鐘，讓酵母開始激發。
2. 加入 ④ 煉奶及 ⑤ 菜油，拌至水油溶合（圖 b），最後加入 ⑥ 高筋麵粉和 ⑦ 鹽，拌至沒有乾粉（圖 c），蓋上布。
3. 放於室溫作第一次發酵約 60-90 分鐘，至麵糰發大至兩倍（以兩倍大為準，時間因溫度而異）（圖 d）。
4. 桌面灑點麵粉，取出麵糰並用手排氣（圖 e），蓋上布休息 20 分鐘。
5. 平均分割麵糰排氣，滾圓，放入電飯煲內（圖 f-h），蓋上布進行第二次發酵，大約 40-50 分鐘，至麵糰發至兩倍大（圖 i）。
6. 完成發酵後，按「白飯模式」兩次，總計時 60 分鐘（參考電飯煲煮食小貼士，p.20）。

懶煮小貼士 TIPS

* 麵糰發酵的速度視乎溫度、乾酵母的狀態等情況，所以上述時間只供參考，主要看麵糰當時的狀態，直至發大約兩倍便可。
* 如等了很久麵糰仍然發不起來，很大機會是乾酵母失效，記得酵母一定不可以過期，而且要保存於雪櫃。
* Practice makes perfect！免揉麵包都可做到鬆軟拉絲的效果（圖 j）多加練習，會愈做愈好。

懶煮方便飯

重燃了烹飪的興趣後，
我開始烹煮簡單的方便飯，
可以給女兒做便當，或作為家裏的日常簡餐，
跟着我簡單的方法做，有時比等外賣更快，
食材當然也更健康～

Easy-making Meals

電飯煲海南雞飯

Rice Cooker One-pot Hainanese Chicken Rice

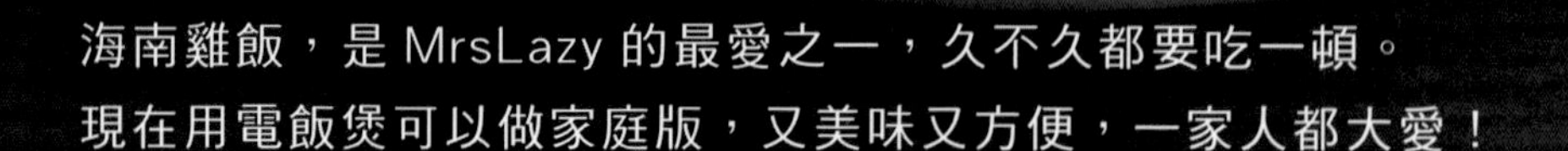

海南雞飯，是 MrsLazy 的最愛之一，久不久都要吃一頓。
現在用電飯煲可以做家庭版，又美味又方便，一家人都大愛！

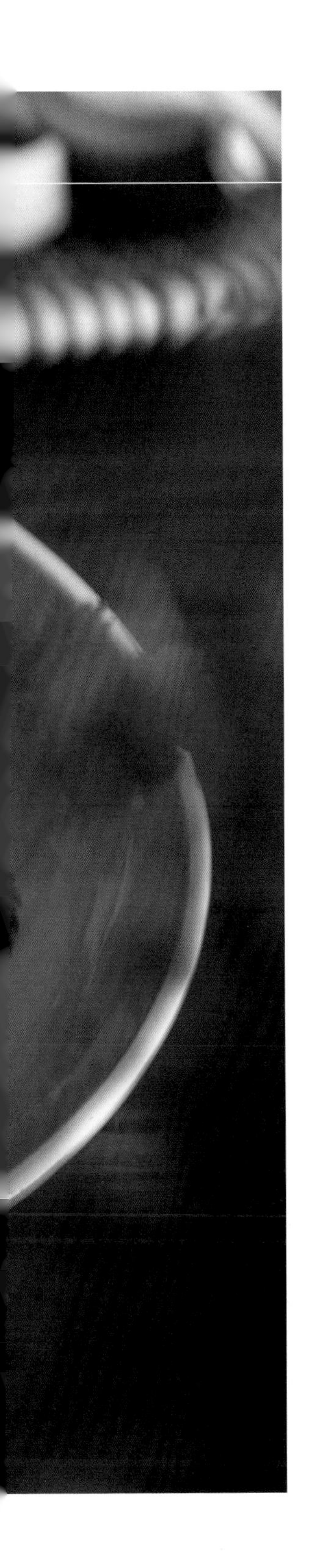

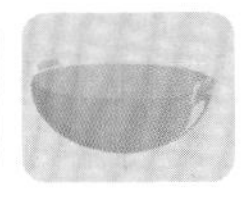

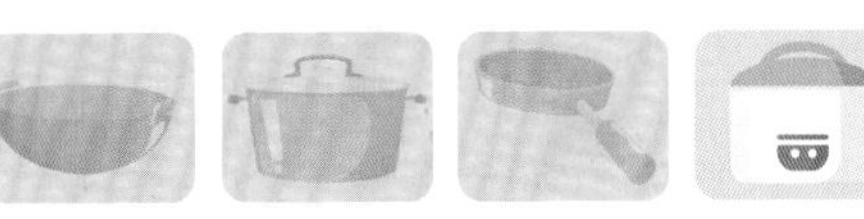

材料
INGREDIENTS

① 白米 ~~~ 2 量米杯

② 雞腿 ~~~ 2 隻

調味料
SEASONING

③ 蒜鹽 ~~~ 1 茶匙

④ 糖 ~~~ 1 茶匙

⑤ 米酒 ~~~ 1 茶匙

⑥ 黃薑粉 ~~~ 1 茶匙

油飯調味料
SEASONING FOR OIL RICE

⑦ 薑 ~~~ 3 片（拍扁）

⑧ 蒜頭 ~~~ 4 粒（拍扁）

⑨ 乾葱頭 ~~~ 2粒（切半）

⑩ 香茅 ~~~ 2 支（拍扁）

⑪ 斑蘭葉 ~~~ 2條（打結）

⑫ 雞湯 ~~~ 2 量米杯

⑬ 黃薑粉 ~~~ 1 茶匙

⑭ 油 ~~~ 1-2 湯匙

懶人包太太做法

METHOD

1. ② 雞腿洗淨、抹乾，將 ③-⑥ 調味料拌勻，平均塗抹於雞腿上，醃 10-15 分鐘。
2. 燒熱 ⑭ 油，爆香 ⑦-⑨ 料頭（圖 a），盛起備用。
3. ① 白米洗好，加入 ⑫ 雞湯及 ⑬ 黃薑粉拌勻。
4. 白米放入飯煲內，下爆香的料頭（連油）、⑩ 香茅及 ⑪ 斑蘭葉，排上醃好的雞腿在白米上（圖 b-c）。
5. 按「白飯模式」一次，完成後檢查雞腿熟透程度，完成上碟享用。

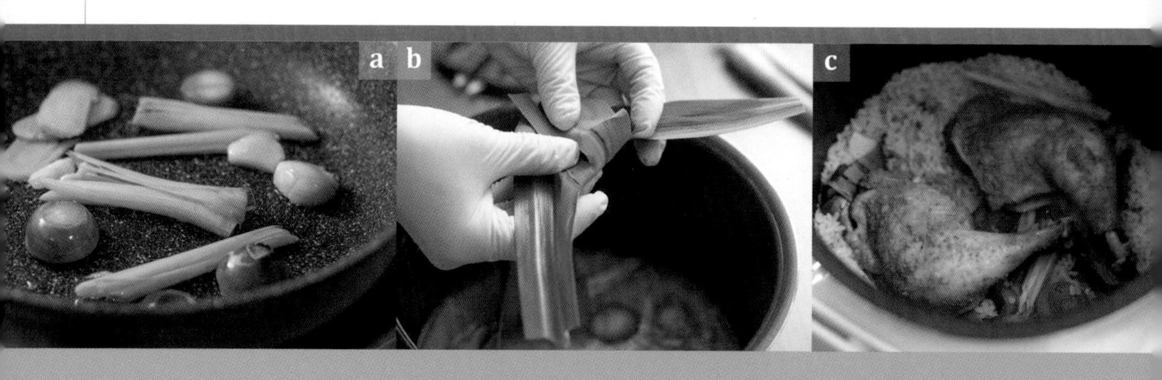

a b c

懶煮小貼士

TIPS

* 香茅、薑、蒜頭拍扁使用；斑蘭葉打結或剪小段，令味道更容易滲入飯內。
* 油飯一定要下油來煮，才會油潤美味，不可省略喔！
* 海南雞飯配上葱蓉、黑醬油來吃，更添風味！
* 這裏我使用 1.8 公升的電飯煲來製作。小型電飯煲也可做到，只要完成一次「白飯模式」後檢查雞腿，如未全熟，可再加時間多煮一會便可。

韓式炒雜菜粉絲

Japchae (Korean Glass Noodles with Assorted Veggies)

有時下班後太累，沒胃口，
可以做這個炒粉絲，
有菜有肉，簡單又開胃。

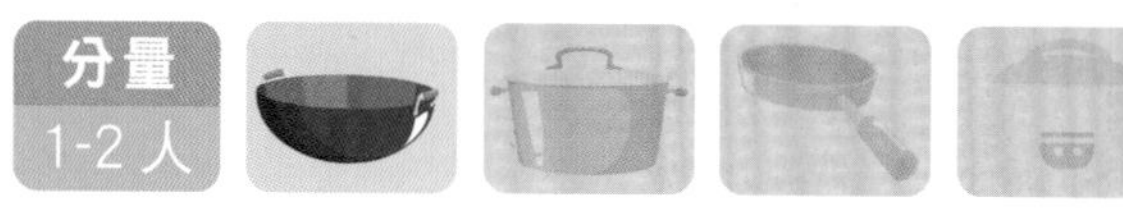

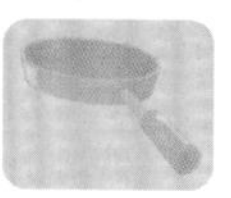

材料
INGREDIENTS

① 韓式冬粉 ~~~ 60 克
② 肥牛片 ~~~ 200-250 克（約 1/2 磅）
③ 菠菜 ~~~ 8-10 棵
④ 甘筍 ~~~ 1/2 個（小型，刨絲）
⑤ 新鮮冬菇或已浸軟乾冬菇 ~~~ 3 朵（切片）
⑥ 洋葱 ~~~ 1/3 個（切絲）
⑦ 炒香白芝麻 ~~~ 隨意

調味料
SEASONING

⑧ 生抽 ~~~ 1 湯匙
⑨ 糖 ~~~ 1 湯匙
⑩ 麻油 ~~~ 1 湯匙
⑪ 鹽 ~~~ 適量

懶人包太太做法
METHOD

1. 燒一鍋熱水，下 ① 冬粉煮約 3-5 分鐘，至熟透且全透明，盛起，放入凍食用水降溫，取出，瀝乾水分備用（圖 a）。
2. 鑊不用下油，放入 ② 肥牛片炒香至 9 成熟，取起備用。
3. 鑊不用清洗，用餘下的油先炒香 ⑥ 洋葱及 ⑤ 冬菇，再下 ④ 甘筍絲和 ③ 菠菜（圖 b）。
4. 灑入 ⑧-⑩ 調味料（生抽、糖和麻油），炒勻甘筍及菠菜。
5. 關火，加入肥牛片、冬粉及 ⑪ 鹽炒勻（圖 c），試味滿意後，灑上 ⑦ 炒香白芝麻，可以享用了。

a b c

懶煮小貼士
TIPS

* MrsLazy 這個食譜偏多一點蔬菜，如果想冬粉的分量多些，可按自己喜好加添。
* 坊間常建議冬粉要浸泡一段時間，我試過直接煮，效果分別不大，而且更加方便，大家不妨跟我的方法試試。

滑蛋蝦仁飯
Soft-scrambled Eggs with Shrimps

MrsLazy 家裏常備急凍蝦仁，這也是臨時想在家吃，
翻翻雪櫃有的東西，就可以做到的方便飯。
三個字：快靚正！我沒有補充了，嘻嘻～

材料 INGREDIENTS

① 急凍蝦仁 ~~~ 15-20 隻

② 雞蛋 ~~~ 3 隻

③ 葱 ~~~ 1 棵（切粒）

調味料 SEASONING

④ 生抽 ~~~ 1/2 茶匙

⑤ 糖 ~~~ 1/2 茶匙

⑥ 胡椒粉 ~~~ 適量

⑦ 鹽 ~~~ 適量

懶人包太太做法
METHOD

1. ① 蝦仁解凍，去腸，吸乾水分（圖 a），用 ④ 生抽、⑤ 糖、⑥ 胡椒粉拌勻醃一會。
2. 下油，炒香蝦仁至 9 成熟（圖 b），盛起備用。
3. ② 雞蛋與少許 ⑦ 鹽拂打。
4. 平底鑊洗淨，下油，加入蛋液（圖 c）以中小火煮至 5 成熟狀態，快手加入炒好的蝦仁及 ③ 葱花，拌炒一下，待雞蛋炒至 8 成熟（圖 d），關火，上碟享用！

懶煮小貼士
TIPS

* 雞蛋保持嫩滑，最主要掌握熟的程度，試試跟着我的步驟做，您也會做得到美美的滑蛋蝦仁。

日式牛肉丼

Gyu Don (Japanese Beef Rice Bowl)

15分鐘就可完成的快餐，真的比買外賣還要快。
牛肉片配日式醬汁很好下飯，包女包仔都超愛耶～

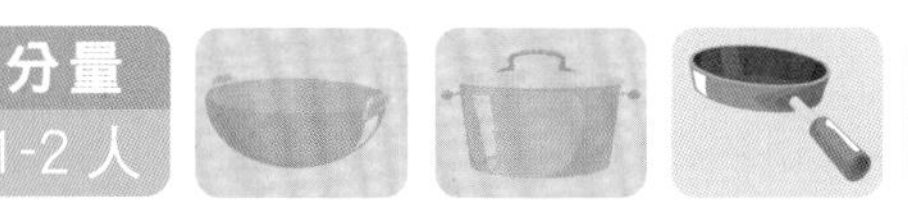

材料
INGREDIENTS

① 牛肉片 ~~~ 250 克

② 洋葱 ~~~ 1/2 個

③ 葱花 ~~~ 隨意

④ 白芝麻 ~~~ 隨意

調味料
SEASONING

⑤ 日式醬油 ~~~ 1 湯匙

⑥ 鰹魚汁 ~~~ 1 湯匙

⑦ 味醂 ~~~ 2 湯匙

⑧ 日本料酒 ~~~ 2 湯匙

⑨ 糖 ~~~ 1 茶匙

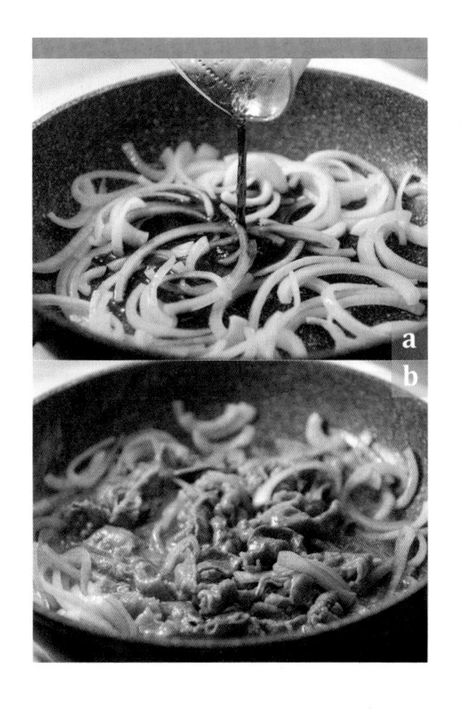

懶人包太太做法
METHOD

1. 平底鑊下少許油，炒香 ② 洋葱，加入混好的 ⑤-⑨ 調味料（圖 a），煮至洋葱 3 成熟，試味至自己滿意。
2. 加入 ① 牛肉片煮至 8-9 成熟（圖 b），關火。
3. 最後灑上 ③ 葱花和 ④ 白芝麻，美美的日式牛肉丼完成！

懶煮小貼士
TIPS

* 牛肉片不用洗，解凍後可以用（參考食材處理小貼士，p.22）。
* 牛肉片煮至 8-9 成熟可關火，餘溫會慢慢讓牛肉片再熟一點，這樣吃的時候，牛肉片能保持嫩滑。

托斯卡納忌廉三文魚

Tuscan Salmon

週末的日子，不想吃飯，便做這個，可以配法包或意粉，加一杯鮮打果汁已非常豐富。

材料 INGREDIENTS

① 三文魚 ~~~ 2 件

② 菠菜 ~~~ 40-50 克

③ 車厘茄 ~~~ 10-12 粒

④ 蒜蓉 ~~~ 2 湯匙

⑤ 洋葱 ~~~ 1/4 個（切粒）

調味料 SEASONING

⑥ 牛油 ~~~ 10-15 克

⑦ 淡忌廉 ~~~ 100 毫升

⑧ 鹽 ~~~ 適量

⑨ 黑胡椒 ~~~ 適量

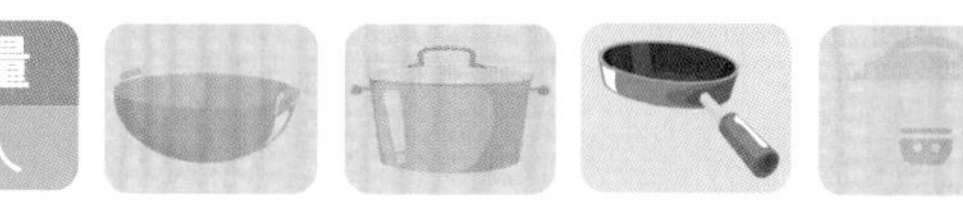

懶人包太太做法
METHOD

1. ①三文魚洗好，印乾水分。平底鍋下適量油，放入三文魚，下適量⑧鹽和⑨黑胡椒，兩面煎至金香（圖 a），盛起備用。
2. 平底鍋洗淨，下⑥牛油，炒香④蒜蓉和⑤洋葱粒，再下③車厘茄很快地拌炒一下（圖b）。
3. 加入⑦淡忌廉，灑入黑胡椒和鹽調味，試味滿意後，下②菠菜很快拌煮一下（圖 c），煮至稍微軟身，立刻關火。
4. 最後放入剛煎好的三文魚，就可上菜了！

懶煮小貼士
TIPS

* 這道菜很好下飯，也可配搭意大粉或麵包，易做又百搭！
* 車厘茄和菠菜都很快熟，所以快炒一會即可，否則口感太軟腍。
* 如家裏沒有淡忌廉，勉強可用全脂牛奶代替，但要煮久一些讓它變稠。

夏威夷牛油果魚生蓋飯

Avocado Poke Bowl

分量
2人

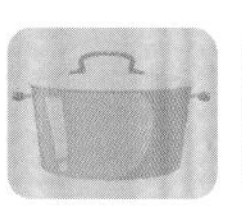

材料 INGREDIENTS

① 魚生 ~~~ 300 克
② 米飯 ~~~ 2 碗
③ 牛油果 ~~~ 2 個（中型）
④ 全熟雞蛋 ~~~ 2 隻
⑤ 粟米粒 ~~~ 1/2 碗
⑥ 各式蔬菜（紫椰菜絲、車厘茄、甘筍絲） ~~~ 隨意

調味料 SEASONING

⑦ 日式醬油 ~~~ 2 茶匙
⑧ 味醂 ~~~ 2 茶匙
⑨ 蛋黃醬 ~~~ 3-4 湯匙
⑩ 鹽 ~~~ 少許
⑪ 黑胡椒 ~~~ 少許

a b

懶煮小貼士 TIPS

* 魚生款式可按個人喜好選擇，油甘魚、吞拿魚、三文魚也可以。
* 如不吃魚生的人，可用煙三文魚或煎熟肉類代替，可隨喜好來點變化。

Poke Bowl 蓋飯是夏威夷的菜式，
我第一次在美國旅行時吃到，
原來這樣的配搭超好味道，
做法簡單又不用開火，
非常適合繁忙的香港人！

懶人包太太做法
METHOD

1. ① 魚生切片，加入 ⑦ 日式醬油及 ⑧ 味醂，醃約 5 分鐘（圖 a）。
2. ③ 牛油果搓爛，混入 ⑤ 粟米粒、⑨ 蛋黃醬、⑩ 鹽和 ⑪ 黑胡椒，拌至順滑口感（圖 b）。
3. 加入微溫 ② 米飯，一齊拌勻，試味後可按口味多加點蛋黃醬或調味料。
4. 將醬漬好的魚生、④ 雞蛋和 ⑥ 蔬菜在飯面整齊排列，再加點蛋黃醬和香草裝飾，即可享用。

粟米肉粒飯

Show Me Your Love (Creamed Corn with Pork Cubes Over Rice)

分量
3-4 人

材料 INGREDIENTS

① 豬脢頭 ~~~ 300 克

② 白飯 ~~~ 4 碗

③ 粟米湯 ~~~ 1 盒

④ 水 ~~~ 4-6 湯匙

調味料 SEASONING

⑤ 生抽 ~~~ 2 茶匙

⑥ 糖 ~~~ 1 茶匙

⑦ 蠔油 ~~~ 1 茶匙

⑧ 鹽 ~~~ 少許

⑨ 胡椒粉 ~~~ 少許

懶人包太太做法 METHOD

1. ① 豬脢頭洗淨，抹乾水分，切粒，加入 ⑤-⑨ 調味料醃 5 分鐘。
2. 中火起鑊，加少許油，下豬肉丁煎至金香（圖 a），盛起放在 ② 飯面。
3. 鑊抹淨，③ 粟米湯加入 ④ 水煮滾（圖 b），灑點鹽調味，試味滿意後，淋在肉丁面，完成了！

a
b

粟米肉粒 Show me your love!
這是一道家中必備的碟頭飯，小朋友超愛它。
快點跟着試試，Show them your love~

懶煮小貼士 TIPS

* 在家煮飯，都是想食材好一點，所以粟米湯不用加水又加生粉埋芡，只要加適量水直接煮至想要的稠度，效果會更好。
* 粟米本身帶甜，所以加適量鹽和胡椒粉，味道會更有層次。
* 這道菜看似簡單，但我也調整了好幾次才滿意，試試跟我的方法做～

港式番茄肉醬意粉
Hong Kong-style Spaghetti Bolognese

分量
2-3 人

材料 INGREDIENTS

① 免治牛肉 ~~~ 200 克
② 番茄 ~~~ 2 個
③ 洋葱 ~~~ 1/3 個
④ 甘筍 ~~~ 1/2 條
⑤ 西芹 ~~~ 1 條
⑥ 蒜蓉 ~~~ 1 湯匙
⑦ 香葉 ~~~ 2 片
⑧ 意大利粉 ~~~ 200 克

調味料 SEASONING

⑨ 茄汁 ~~~ 5 湯匙
⑩ 茄膏 ~~~ 2 湯匙
⑪ 糖 ~~~ 1 湯匙
⑫ 雞湯 ~~~ 120 毫升
⑬ 牛油 ~~~ 15 克
⑭ 鹽 ~~~ 適量
⑮ 黑胡椒 ~~~ 適量

這是包大人百吃不厭的「快餐」，
自家製茶餐廳風味，但材料十足，
親手做，為老公送上男人的浪漫！

懶人包太太做法
METHOD

1. ② 番茄在頂和底部剔十字，放於熱滾水浸泡 3-5 分鐘至脫皮，去皮（圖 a），切細粒（如不介意吃皮，可省略此步驟）。
2. ③ 洋葱、④ 甘筍及 ⑤ 西芹切細粒（各約 1/2 碗）（圖 b）。
3. 中火開鑊，下適量油，加入 ⑥ 蒜蓉起鑊，再下洋葱粒、甘筍粒及西芹粒炒香，加入 ① 免治牛肉炒至 5 成熟，下番茄繼續炒香（圖 c）。
4. 最後加入 ⑨-⑫ 調味料（茄汁、茄膏、糖、雞湯）及 ⑦ 香葉，以中火煮至番茄溶化（約需 15-20 分鐘），最後放入 ⑬ 牛油、⑭ 鹽及 ⑮ 黑胡椒提升味道（圖 d），試味滿意後完成。
5. 煮熱一鍋水，加入鹽 1 茶匙，水滾後放入 ⑧ 意大利粉，按包裝指示時間加熱，完成後瀝乾水分。
6. 意粉上碟，淋上番茄肉醬，享用了！

懶煮小貼士
TIPS

* 番茄是此食譜的主要食材，但不同番茄的甜度不同，所以必須試味，隨後可適量加調味料，調至自己喜歡的口味。
* 意粉不用太早煮，否則容易變乾結成一團。每款意大利粉的烹煮時間各有差異，最好參考包裝建議的烹煮時間。
* 由於牛肉本身味濃，做出來的肉醬自有一份牛油香味。如你不嗜牛，可改用免治豬肉，但味道會有些差別，不介意便可。

電飯煲日式咖喱豚肉飯

Rice Cooker One-pot Japanese Pork Belly Curry Rice

讓人很開胃的日式咖喱飯，一鍋到底，有菜有肉。
重點是加了蘋果，味道層次更豐富。
預先醃好肉，放入材料，按一下電飯煲，很快就可以開食！

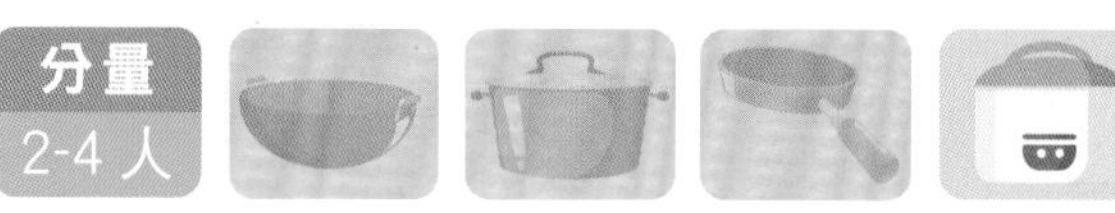

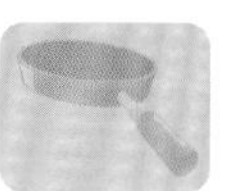

材料
INGREDIENTS

① 五花腩肉 ~~~ 300 克（1/2 斤）

② 甘筍 ~~~ 1 條（小型）

③ 薯仔 ~~~ 1 個（小型）

④ 蘋果 ~~~ 1 個（小型）

⑤ 白米 ~~~ 2 量米杯

⑥ 水 ~~~ 2 量米杯

醃料
MARINADE

⑦ 生抽 ~~~ 2 茶匙

⑧ 糖 ~~~ 2 茶匙

⑨ 粟粉 ~~~ 1/2 茶匙

⑩ 鹽 ~~~ 1/4 茶匙

⑪ 油 ~~~ 2 茶匙

調味料
SEASONING

⑫ 日式咖喱磚或咖喱醬 ~~~ 30-55 克（2-3 粒咖喱磚）

懶人包太太做法
METHOD

1 ① 五花腩肉洗淨、切件，先用 ⑦ 生抽、⑧ 糖、⑨ 粟粉及 ⑩ 鹽拌勻，最後加入 ⑪ 油醃一會。

2 ② 甘筍及 ③ 薯仔切小塊。④ 蘋果削皮，去芯，切小塊（圖 a）。

3 ⑫ 日式咖喱磚切碎（如用咖喱醬可省略此步驟）（圖 b）。

4 將已洗好 ⑤ 白米及 ⑥ 水放入電飯煲，下切碎的咖喱磚拌勻後，再放入甘筍、薯仔、蘋果和五花腩肉（圖 c），按「白飯模式」一次，完成後拌勻（圖 d），喜歡的話可加點葱花或白芝麻，享用了！

懶煮小貼士
TIPS

* 日式咖喱磚有不同的辣度，可按個人喜好選擇。
* 咖喱磚要切碎一些，完成後的咖喱磚不會完全溶化，但已軟化，只要充分跟飯拌勻即可。
* 加入蘋果同煮，咖喱汁帶果甜味，味道層次更豐富，非常推薦。

暖笠笠炒飯

Aromatic Fried Rice

家中常備的薑蒜葱，是對身體很好的香料，幫助殺菌及增強抵抗力。
這菜式就地取材，配搭其他材料，
20 分鐘可以做出一道暖笠笠又美味的炒飯。

材料
INGREDIENTS

① 冷飯 ~~~ 3 碗

② 雞蛋 ~~~ 3 隻

③ 薑蓉 ~~~ 2-3 湯匙

④ 蒜蓉 ~~~ 2-3 湯匙

⑤ 青葱 ~~~ 6 棵（切粒，約 1 碗）

⑥ 洋葱 ~~~ 1/3 碗（切粒）

⑦ 燈籠椒 ~~~ 1/3 碗（或粟米粒、青瓜、紅蘿蔔，切粒）

⑧ 香腸 ~~~ 1/2 碗（或臘腸、火腿，切粒）

調味料
SEASONING

⑨ 魚露 ~~~ 1 湯匙

⑩ 麻油 ~~~ 2 茶匙

⑪ 糖 ~~~ 1 茶匙

⑫ 胡椒粉 ~~~ 適量

⑬ 鹽 ~~~ 適量

懶人包太太做法
METHOD

1. 鑊內下少許油，直接打入 ② 雞蛋，加入少許鹽炒散（圖 a），盛起備用。
2. 鑊內加入適量油，下 ③ 薑蓉、④ 蒜蓉及 ⑥ 洋葱炒香，放入 ⑧ 香腸炒香後，下 ① 冷飯以中大火炒至飯粒分明。
3. 下 ⑨-⑬ 調味料炒勻後，試味滿意後，加入雞蛋及 ⑦ 燈籠椒（圖 b），最後下 ⑤ 青葱粒炒勻（圖 c），完成。

懶煮小貼士
TIPS

* 跟着 MrsLazy 的次序下材料，耐火的先炒，其他不耐火的蔬菜後下，能保持蔬菜的爽脆，口感豐富！
* 這道炒飯加入大量青葱，出來的效果特別清爽不油膩。
* 魚露和麻油是這個炒飯的靈魂，不妨跟着食譜試試！

懶煮家常菜 · 宴客菜

烹飪最大的樂趣，是與人分享。
為家人朋友下廚，
大家共聚的時光是最愉悅的。
由自己喜歡的菜式開始解鎖，
跟着 MrsLazy 的懶煮方法，
您也可以親自做一桌色香味全的宴客菜！

Home-style and Banquet Dishes

電飯煲鹽焗手撕雞
Rice Cooker Salt-baked Hand-shredded Chicken

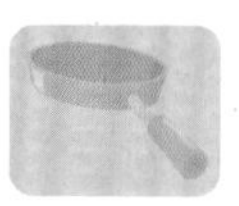

材料
INGREDIENTS

① 雞 ~~~ 1 隻

② 幼鹽 ~~~ 3 茶匙

③ 鹽焗粉 ~~~ 1 包（25 克）

④ 薑 ~~~ 8 片

⑤ 葱 ~~~ 3 棵（切段）

⑥ 乾葱 ~~~ 3-4 粒（切半）

⑦ 小青瓜 ~~~ 1-2 條（切片）

⑧ 炒香白芝麻 ~~~ 隨意

這是我最喜歡的宴客菜之一，好味易做又見得人。
MrsLazy 這個配方，雞只需要醃 10 分鐘就夠味，
非常符合我們懶煮的原則 :)

懶人包太太做法
METHOD

1 ①雞去頭尾，洗淨內臟，抹乾水分。

2 ②幼鹽和③鹽焗粉混合，均勻順序塗抹於雞胸、雞髀、雞背及雞腔，最後是雞翼（圖a）。將雞腳和④薑4片放入雞腔，閒置約10分鐘。

3 電飯煲內膽平均鋪上餘下薑片、⑤葱段及⑥乾葱（圖b），放入雞，按白飯模式一次。完成後打開蓋，用筷子戳入雞髀最厚肉位置，見沒有血水則表示全熟。否則再按一次白飯模式，多煮8-15分鐘至熟透。

4 ⑦小青瓜切片後，鋪在碟上。

5 全雞完成後（圖c），取出待涼，用手撕出雞肉，放在青瓜面，淋上電飯煲內雞汁，灑上⑧白芝麻完成。

懶煮小貼士
TIPS

* 這配方設計可令雞隻快速入味，毋須醃過夜。
* 雞翼比較少肉，不要抹太多調味料，否則會太鹹。
* 焗雞後留下來的雞汁是精華所在，可用來拌飯，非常惹味！
* 不同牌子的鹽焗粉分量和味道各有不同，要自行按情況增減。

免焗檸檬香草雞翼

No-bake Lemon and Thyme Chicken Wings

這是一道免焗的菜式，我用錫紙做成密封的碗，
放進雞翼，以隔水蒸的熱力，讓雞翼的肉質更嫩滑，
加上檸檬香草的味道，大人小朋友都喜歡～

材料
INGREDIENTS

① 雞翼 ~~~ 12 隻

② 檸檬 ~~~ 3 片

③ 蒜蓉 ~~~ 1 湯匙

④ 百里香（新鮮或乾） ~~~ 2 茶匙

⑤ 牛油 ~~~ 10-15 克

調味料
SEASONING

⑥ 生抽 ~~~ 2 茶匙

⑦ 老抽 ~~~ 1 茶匙

⑧ 白酒 ~~~ 1 湯匙

⑨ 糖 ~~~ 2 茶匙

⑩ 檸檬汁 ~~~ 1 湯匙

⑪ 鹽 ~~~ 1/2 茶匙

懶人包太太做法
METHOD

1. ① 雞翼洗淨，取出，抹乾水分。
2. 大碗內加入 ③ 蒜蓉、④ 百里香及 ⑥-⑪ 調味料拌勻，加入雞翼醃 10 分鐘（圖 a）。
3. 碟內放上一張錫紙，排入醃好的雞翼、② 檸檬片及 ⑤ 牛油（圖 b），表面覆蓋另一張錫紙，捏好封邊（圖 c）。
4. 隔水蒸 25-30 分鐘（視乎火力而定），關火不開蓋，焗焗 5 分鐘。
5. 完成後剪開錫紙，最後再擠點檸檬汁，味道更清新。

a b c

懶煮小貼士
TIPS

＊ 如家中沒有白酒，勉強可用米酒代替。

＊ 香草可選自己喜歡的種類，如迷迭香、百里香或雜香草也可以。

＊ 牛油令這道菜式增加風味，不建議省略啊～

電飯煲酒香五花肉

Rice Cooker Wine-scented Braised Pork Belly

一道香到不得了的菜，把材料一放，
把鍵鈕一按，不消一會，滿屋清香酒味，
五花肉做出來卻一點不油膩。一端上桌，秒殺！

分量
3-4 人

材料 INGREDIENTS

①五花腩肉 ~~~ 1 條
②蒜頭 ~~~ 4 粒（拍扁）
③薑 ~~~ 3-4 片
④葱 ~~~ 2 棵（切段）

醃料 MARINADE

⑤生抽 ~~~ 2 湯匙
⑥老抽 ~~~ 1 湯匙
⑦蠔油 ~~~ 2 湯匙
⑧玫瑰露酒 ~~~ 2 湯匙
⑨糖 ~~~ 1 湯匙
⑩胡椒粉 ~~~ 1/2 茶匙
⑪啤酒 ~~~ 1/2 罐

懶人包太太做法
METHOD

1. 水內加入粟粉 2 茶匙，放入 ① 五花腩肉浸 5-10 分鐘，去除血水及腥味。
2. 五花腩肉洗淨，抹乾水分。
3. ② 蒜頭、③ 薑片、④ 葱段及 ⑤-⑩ 醃料均勻混合，放入五花腩肉按摩一下，一併放入保鮮袋（圖 a-c），放入雪櫃冷藏一晚。
4. 取出醃好的五花腩肉，放入電飯煲，加入 ⑪ 啤酒（圖 d），按一次「白飯模式」，計時 20-30 分鐘，打開蓋，用筷子戳穿腩肉，檢查是否熟透（圖 e），取出切片，上菜享用。

d e

懶煮小貼士
TIPS

* 每款電飯煲的熱力存有少許差異，自行按情況調節烹煮時間（參考電飯煲煮食小貼士，p.20）。
* 如不喜歡玫瑰露酒的濃郁味道，可用米酒代替。

芳婆婆蠔油燜冬菇

Granny Fong's Braised Shiitake Mushrooms in Oyster Sauce

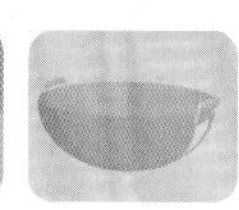

材料
INGREDIENTS

① 冬菇 ~~~ 12-16 朵

② 蒜蓉 ~~~ 1 湯匙

③ 乾葱 ~~~ 2 粒（切細）

調味料
SEASONING

④ 冰糖 ~~~ 1 湯匙

⑤ 蠔油 ~~~ 2 湯匙

⑥ 雞湯 ~~~ 適量

懶人包太太做法
METHOD

1. ① 冬菇用室溫水浸過夜，軟身後擠乾水分。
2. 煲內下適量油，爆香 ②-③ 料頭，加入冬菇炒香。
3. 下 ④-⑤ 調味料拌勻，倒入 ⑥ 雞湯蓋過冬菇面，燜 20-30 分鐘，待冬菇入味及軟身（圖 a），收汁完成（時間視乎冬菇大小及火力而定）。

芳婆婆很擅長燜煮菜式及配搭調味料，
她教我的方法都很簡單易做，但做出來卻非常美味！
這道蠔油燜冬菇，充滿了 MrsLazy 媽媽的味道！

懶煮小貼士 TIPS

* 媽媽從小教我，浸泡冬菇要用室溫水，浸發過夜一晚，可讓冬菇完全發透，而且能保持冬菇香氣。
* 烹煮冬菇必須擠乾菇肉的水分，在燜煮過程才能充分吸收調味料，更入味好吃。

芳婆婆芝士蟹柳春卷

Granny Fong's Cheese and Crabstick Spring Rolls

MrsLazy 小時候，媽媽用芝士和蟹柳，
弄了這個脆卜卜春卷給我吃，我覺得太有創意了。
現在到我做給孩子吃，
希望媽媽的味道可以一直承傳下去！
（掌聲給芳婆婆！）

材料
INGREDIENTS

① 春卷皮 ~~~ 8 片

② 蟹柳 ~~~ 8 條

③ 甘筍 ~~~ 1 條

④ 小青瓜或西芹 ~~~ 1 條

⑤ 片裝芝士 ~~~ 2 片

⑥ 雞蛋 ~~~ 1 隻（拂勻）

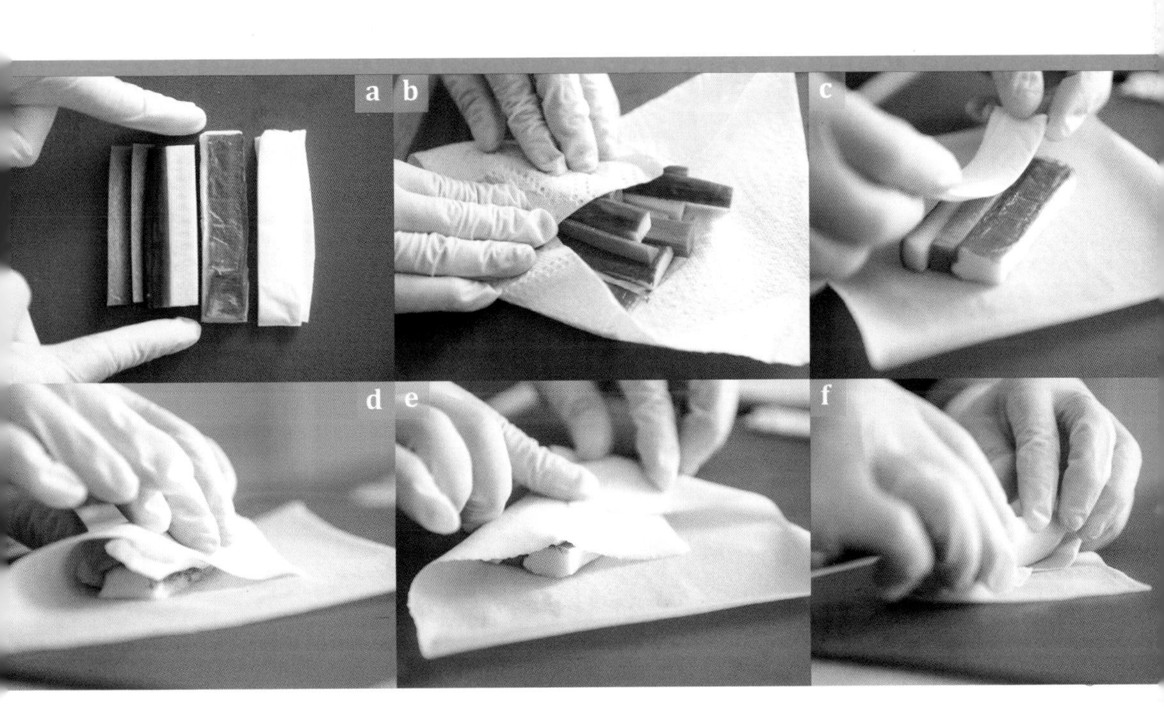

懶人包太太做法
METHOD

1. ④ 小青瓜及 ③ 甘筍切段（長度比蟹柳短，圖 a）；② 蟹柳解凍，以上材料沖淨，用廚房紙抹乾水分（圖 b），炸春卷時會更脆身。
2. ⑤ 芝士每片平均切成 4 段。
3. 四款材料放在 ① 春卷皮，包好，塗抹 ⑥ 蛋液封口（圖 c-f）。
4. 燒熱一鍋油，油滾後放入春卷，炸至外皮金香脆身，盛起，放在廚房紙吸油，上碟享用。

懶煮小貼士
TIPS

* 未使用的春卷皮要用布蓋着，防止變乾易裂。
* 甘筍、西芹、小青瓜因較硬身，切的長度要較蟹柳短一點，包起來不容易戳破春卷皮。
* 家庭做炸物一般不會太大量，可用小鍋來炸，每次炸三數條，不會浪費食油。
* 喜歡西芹的，可用來代替小青瓜，加入西芹的春卷，帶有很清新的味道。

韓式泡菜豆腐煲

Korean Kimchi and Tofu Stew in Claypot

女兒喜歡韓流，MrsLazy 當然要投其所好！
不少韓菜做法簡單又好味，像這個豆腐煲，
微辣的風味配上泡菜，讓人吃得很開胃呢～

分量
3-4 人

材料 INGREDIENTS

① 免治豬肉 ~~~ 200-250 克
② 泡菜 ~~~ 200 克
③ 豆腐 ~~~ 1 盒（切件）
④ 蒜蓉 ~~~ 2 湯匙
⑤ 葱 ~~~ 6-7 棵（切粒）
⑥ 雞蛋 ~~~ 1 隻
⑦ 麻油 ~~~ 1 湯匙
⑧ 雞湯 ~~~ 300-400 毫升

醃料 MARINADE

⑨ 生抽 ~~~ 2 茶匙
⑩ 糖 ~~~ 2 茶匙
⑪ 粟粉 ~~~ 1 茶匙

調味料 SEASONING

⑫ 韓式辣椒粉 ~~~ 1 湯匙
（分量視乎辣度和個人喜好）
⑬ 生抽 ~~~ 1 湯匙
⑭ 糖 ~~~ 1 湯匙
⑮ 鹽 ~~~ 適量

懶人包太太做法
METHOD

1. ① 免治豬肉，加入 ⑨-⑪ 醃料混合，醃 5-10 分鐘。
2. 熱鑊下 ⑦ 麻油，加入 ④ 蒜蓉及 ⑤ 葱花炒香，下免治豬肉炒香（圖 a），再加入 ② 泡菜炒勻（圖 b），下 ⑫-⑮ 調味料拌勻，試味至滿意。
3. 將炒香的材料轉放韓式陶鍋（如沒有，可用小鍋子代替），加入 ⑧ 雞湯及 ③ 豆腐煮滾（圖 c-d），打入 ⑥ 雞蛋，灑上葱花，可以上桌了。

懶煮小貼士
TIPS

＊ 韓式辣椒粉的辣度，因應不同品種和品牌而有差異，所以分量要按情況及試味而調節。如沒有辣椒粉，可用韓式辣醬代替，分量大概是 1-2 湯匙，也可按自己喜好加減。

電飯煲臘味糯米飯

Rice Cooker Sticky Rice with Cantonese Preserved Pork Sausage

朋友來我家作客，都對這個糯米飯讚不絕口。
做法非常簡單，不用生炒，用電飯煲就輕易做到！

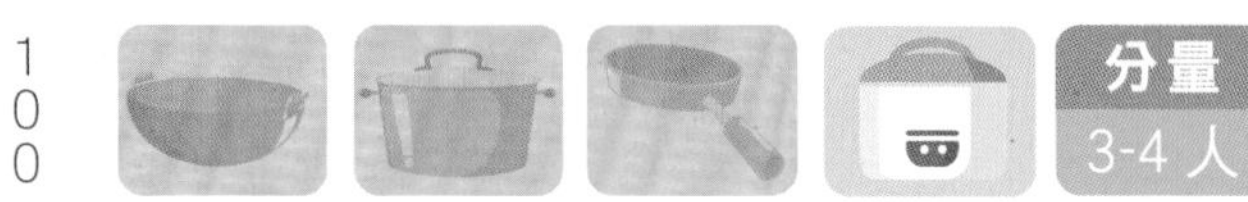

分量
3-4 人

材料
INGREDIENTS

① 糯米 ~~~ 1 量米杯
② 白米 ~~~ 1 量米杯
③ 臘腸 ~~~ 2 條
④ 冬菇 ~~~ 2-3 朵（浸軟）
⑤ 蝦米或蝦乾 ~~~ 半把手
⑥ 乾葱 ~~~ 2 粒（切絲）
⑦ 雞蛋 ~~~ 1 隻（隨意）
⑧ 脆花生 ~~~ 隨意
⑨ 葱花 ~~~ 隨意

糯米飯調味料
SEASONING FOR STICKY RICE

⑩ 冬菇蝦米水 ~~~ 2 量米杯
⑪ 老抽 ~~~ 1/2 茶匙

冬菇醃料
MARINADE FOR MUSHROOMS

⑫ 蠔油 ~~~ 1 茶匙
⑬ 糖 ~~~ 1 茶匙

調味料
SEASONING

⑭ 生抽 ~~~ 2 茶匙
⑮ 米酒 ~~~ 2 茶匙
⑯ 糖 ~~~ 1 茶匙
⑰ 鹽 ~~~ 少許

a b

懶人包太太做法
METHOD

1 ④ 冬菇及 ⑤ 蝦米分別用水浸軟，切粒。冬菇蝦米水過篩，取 2 量米杯。

2 ① 糯米及 ② 白米混合，洗淨，下 ⑩-⑪ 糯米飯調味料拌勻，按一次「白飯模式」。

3 ③ 臘腸浸熱水，沖洗表面油分和污漬，切片備用。

4 冬菇粒擠乾水分，加入 ⑫-⑬ 冬菇醃料拌勻。

5 炒鑊以中火燒熱，下適量油，下 ⑥ 乾葱起鑊，再下臘腸、冬菇及蝦米炒香（圖 a），加入 ⑭-⑰ 調味料炒香，試味滿意後，盛起。

6 ⑦ 雞蛋加少許鹽拂打，煎成蛋餅，切絲備用。

7 米飯煮好後，炒香的配料倒入電飯煲拌勻（圖 b），加蓋焗 10 分鐘（按保溫模式）。

8 完成後，在飯面加上蛋絲、⑧ 脆花生及 ⑨ 葱花，味道和口感更有層次。

懶煮小貼士
TIPS

* 想偷懶用電飯煲做糯米飯，但又想有鑊氣，可以跟我的方法把臘腸、冬菇及蝦米炒香，再跟飯混合，做出來的糯米飯才更香、更好吃。
* 糯米和白米以 1:1 比例混合，煮出來的口感更容易消化，如家中有珍珠米，可代替白米，口感更佳。
* 米酒是讓整個糯米飯畫龍點睛的調味料，不要省略啊！跟熱飯混合後，酒精會揮發掉，小朋友吃也沒問題唷！

粉絲蝦米雜菜煲

Assorted Veggies with Dried Shrimps and Mung Bean Vermicelli

這個粉絲蝦米雜菜煲是我最愛之一，因為蝦米夠香，湯夠甜，一次過可以吃不同蔬菜，營養與味道兼備 :)

材料
INGREDIENTS

① 小唐菜或小白菜 ~~~ 300 克（1/2 斤）
② 粟米芯 ~~~ 1 包
③ 甘筍 ~~~ 隨意（切花）
④ 草菇 ~~~ 10 粒（切半）
⑤ 蝦米或蝦乾 ~~~ 1 把手
⑥ 粉絲 ~~~ 1 小束
⑦ 蒜頭 ~~~ 8-10 粒（去外衣）
⑧ 雞湯 ~~~ 500-600 毫升（視乎蔬菜分量而定）
⑨ 油 ~~~ 2 湯匙

分量
3-4 人

懶人包太太做法
METHOD

1. ⑥ 粉絲用熱水浸軟（圖 a），瀝乾水分備用。
2. ④ 草菇略沖水，抹乾後切半備用。
3. 以中火燒熱鍋，下 ⑨ 油待熱，放入 ⑦ 蒜頭半煎炸至金黃色，轉大火，加入 ⑤ 蝦米一併爆香。
4. 按次序加入 ② 粟米芯、③ 甘筍、① 小唐菜及 ④ 草菇（圖 b），全部炒香，加入 ⑧ 雞湯剛剛蓋過蔬菜，煮至小唐菜 7-8 成熟。
5. 放入粉絲煮至透明（圖 c），完成！

懶煮小貼士
TIPS

* 草菇不耐放，最好即日買即日吃，而且草菇沾水後會出水，不要提早清洗，也不可浸洗，開始烹調時略洗即可。
* 蝦米雜菜煲要有火候，關鍵是用大火爆香蝦米及蒜頭 / 蒜子，也要加入足夠的油，做出來的雜菜煲又油潤又惹味。

惹味數字骨

1-1-2-3-4 Pork Ribs

坊間的數字骨，調味比例是 12345，其中生抽用上 4 湯匙，
我覺得鹹味有點重了……所以改動了「調味密碼」，
變成 11234，這是 MrsLazy 版本的數字骨 :)

分量
3-4 人

材料
INGREDIENTS

① 排骨 ~~~ 600 克（1 斤）

② 蒜頭 ~~~ 3 粒（拍扁）

③ 薑 ~~~ 4 片

調味料
SEASONING

④ 米酒 ~~~ 1 湯匙

⑤ 生抽 ~~~ 1 湯匙

⑥ 糖 ~~~ 2 湯匙

⑦ 鎮江醋 ~~~ 3 湯匙

⑧ 水 ~~~ 4 湯匙

懶人包太太做法
METHOD

1. 預備一盤清水，加入粟粉 2 茶匙，放入 ① 排骨浸泡 5-10 分鐘（圖 a），有助泡出排骨內的血水和雜質，完成後沖水，瀝乾水分備用。
2. 鑊內以中火加油，放入 ② 蒜頭和 ③ 薑片爆香，加入排骨煎至兩面金黃。
3. 將 ④-⑧ 調味料混合，一次過加入鑊內，加蓋，煮至收汁即完成，期間要翻動排骨，令兩面上色更均勻（圖 b）。

懶煮小貼士
TIPS

* 排骨可以選擇一字排或肉排，視乎自己的喜好。
* 因調味料有糖分，繼續煮會變濃稠收汁，可掛在排骨上，毋須額外勾芡，能少一個步驟，便少一個步驟（懶）！

越南芒果米紙卷

Vietnamese Mango Rice Paper Rolls

很多人覺得米紙浸水後很難包裹食物，
不妨試試 MrsLazy 的方法，改用拍水法，
這樣米紙不會太易軟爛，包起來更易操作。

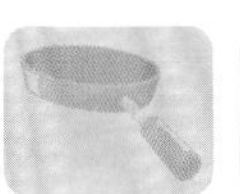

材料
INGREDIENTS

① 急凍蝦仁 ~~~ 15 隻

② 米紙 ~~~ 5 片

③ 生菜 ~~~ 5 片

④ 小青瓜 ~~~ 1 條

⑤ 甘筍 ~~~ 1 條（小型）

⑥ 芒果 ~~~ 2 個

⑦ 食用水 ~~~ 適量

越式蘸汁
VIETNAMESE FISH SAUCE DIP

⑧ 魚露 ~~~ 1 湯匙

⑨ 糖 ~~~ 1 湯匙

⑩ 白醋 ~~~ 1 湯匙

⑪ 熱水 ~~~ 3 湯匙

⑫ 蒜蓉 ~~~ 2 茶匙

⑬ 指天椒 ~~~ 2 條（去籽、切幼粒）

懶人包太太做法
METHOD

1. ① 急凍蝦仁解凍，去腸，灼水約 1 分鐘（視乎大小而定），見蝦仁轉色剛熟，放入冰水完全降溫，用廚房紙吸乾水分，備用。
2. ③ 生菜洗淨，瀝乾水分。⑥ 芒果取肉，切條。
3. ④ 小青瓜和 ⑤ 甘筍刨絲，擠出多餘水分。
4. ② 米紙不光滑那面向上，用手沾一點 ⑦ 食用水，均勻地拍在米紙上（不用太濕），否則易爛（圖 a）。
5. 在米紙上順序排上生菜、青瓜絲、甘筍絲、蝦仁 3 隻及芒果 2 條（圖 b-c），輕輕地捲成春卷狀，切半。
6. 越式蘸汁做法：⑨ 糖和 ⑪ 熱水拌至糖溶化，加入 ⑩ 白醋及 ⑧ 魚露，試味滿意後，加入 ⑫ 蒜蓉和 ⑬ 指天椒粒，完成！

a b c

懶煮小貼士
TIPS

* 米紙的特性是遇水易軟身破損，我用拍水的方法，讓米紙不會太濕，成功率更高。
* 生菜較硬部分容易弄破米紙，建議先修剪一下。
* 做好的米紙卷應盡快吃，口感最佳。

辣酒煮花螺

Sea Snails in Spicy Wine Sauce

很多男士喜歡吃惹味的貝殼類海產，
久不久在家做個豪氣滿滿的「辣酒煮花螺」，
佐酒下飯兩雙宜，宴客亦大方得體！

材料
INGREDIENTS

① 花螺 ~~~ 600 克（1 斤）

② 蒜頭 ~~~ 2 粒（拍扁）

③ 乾葱 ~~~ 2 粒（一開四）

④ 薑 ~~~ 2-3 片

⑤ 花椒 ~~~ 1 湯匙

⑥ 八角 ~~~ 1 粒

⑦ 指天椒 ~~~ 1-2 隻（按自己口味而定，切圈）

⑧ 芫荽 ~~~ 2-3 棵（切段）

調味料
SEASONING

⑨ 辣豆瓣醬 ~~~ 1 湯匙

⑩ 海鮮醬 ~~~ 1 湯匙

⑪ 生抽 ~~~ 1 湯匙

⑫ 蠔油 ~~~ 1 湯匙

⑬ 水 ~~~ 100 毫升

⑭ 紹興酒 ~~~ 80-100 毫升

⑮ 玫瑰露酒 ~~~ 1 湯匙

懶人包太太做法

METHOD

1. ① 花螺沖水洗淨，放入盤內，加入溫水及粟粉 2 茶匙拌勻，浸泡 30 分鐘吐沙，然後用盤內的粟粉水洗擦花螺外殼（圖 a），完成後沖洗乾淨。
2. 煮熱一鍋開水，水滾後放入花螺煮 4-5 分鐘（視乎大小而定），完成後沖水降溫，取走花螺靨（圖 b）。
3. 以中大火起鑊，下適量油爆香 ②-⑥ 材料，加入 ⑨-⑫ 調味料拌勻爆香，加入花螺大火炒香（圖 c）。
4. 加入 ⑬ 水和 ⑭ 紹興酒，加蓋煮 2 分鐘，加入 ⑦ 指天椒及 ⑧ 芫荽炒勻，關火。
5. 最後沿鑊邊淋上 ⑮ 玫瑰露酒，酒香撲鼻，完成！

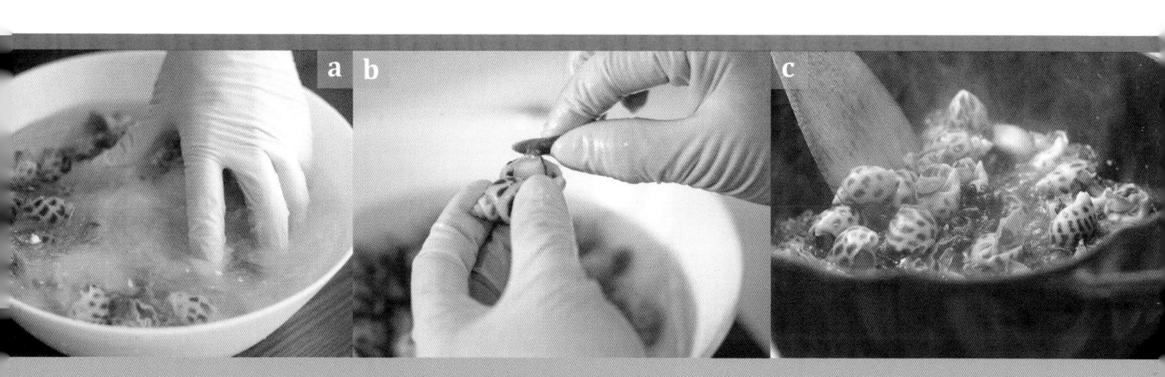
a b c

懶煮小貼士

TIPS

* 料頭用大火爆炒，增加菜式的鑊氣及香味。
* 酒精遇熱會散發，所以關火後再加玫瑰露酒，可保存酒味更濃。
* 這道菜的花螺是跟辣酒湯汁一起吃，所以毋須勾芡收汁。

流沙黃金蝦

Fried Shrimps in Salted Egg Yolk Sauce

流沙的鹹蛋黃醬，配上香煎的大蝦，賣相得體，
而鹹香帶微甜的多層次味道，就是 MrsLazy 想做到的效果
試過的家人及朋友都大讚好味～

分量
4-5 人

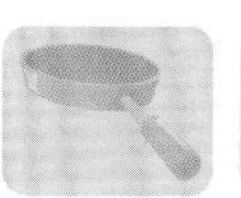

材料
INGREDIENTS

① 大蝦 ~~~ 8-10 隻

② 粟粉 ~~~ 適量

③ 蒜頭 ~~~ 2-3 粒

④ 鹹蛋黃 ~~~ 3-4 個

⑤ 牛油 ~~~ 30-35 克

⑥ 糖 ~~~ 2 茶匙

⑦ 鹽 ~~~ 1/4 茶匙

懶煮小貼士
TIPS

* 大蝦兩面沾上粟粉才煎，之後更能掛上蛋黃醬。
* 最後以糖和鹽調味，是這道菜關鍵所在，必須加入足夠的糖和鹽，才能做出鹹香帶微甜的層次。

懶人包太太做法
METHOD

1. ④ 鹹蛋黃略沖洗，以大火隔水蒸 10-20 分鐘至軟身，取出，用叉壓碎待用（圖 a）。
2. ① 大蝦處理妥當（大蝦處理方法見 p.23），用廚房紙抹乾水分，兩面沾上 ② 粟粉（圖 b）。
3. 下油，用中大火爆香 ③ 蒜頭，取走；放入大蝦，兩面灑適量鹽煎至金黃，剛熟取起，備用。
4. 取用另一乾淨鑊，下 ⑤ 牛油以小火燒至略溶，加入鹹蛋黃碎、⑥ 糖和 ⑦ 鹽炒勻（圖 c），試味滿意後，關火。
5. 將煎好的蝦回鑊，與鹹蛋黃醬炒勻（圖 d），完成。

泰式煎魚餅

Thai Fried Fish Cake

很多朋友試過我做的魚餅，都覺得味道很清新！
其實秘訣只是在鯪魚肉加了檸檬葉和糖，
再配自己調製的泰式蘸汁，
簡簡單單便帶出了泰式風味～

材料
INGREDIENTS

① 鯪魚肉 ~~~ 500 克
② 檸檬葉 ~~~ 6-8 片
③ 糖 ~~~ 1 湯匙

泰式蘸汁
THAI DIPPING SAUCE

④ 糖 ~~~ 1 湯匙
⑤ 熱水 ~~~ 3 湯匙
⑥ 魚露 ~~~ 1 茶匙
⑦ 白醋 ~~~ 2 湯匙
⑧ 乾葱蓉 ~~~ 1 粒
⑨ 指天椒 ~~~ 隨意（切粒）

懶人包太太做法
METHOD

1. ② 檸檬葉洗淨，撕去硬梗（圖 a），整疊捲起，切幼絲。
2. ① 鯪魚肉加入檸檬葉及 ③ 糖，完全拌勻（圖 b）。
3. 平底鑊下適量油，開中火，放入所有鯪魚肉混合物，利用鑊鏟按壓成一大塊魚餅，把兩面煎至金黃色，切條上碟（圖 c）。
4. 泰式蘸汁做法：④ 糖及 ⑤ 熱水拌至糖溶化，加入 ⑥ 魚露和 ⑦ 白醋，試味滿意後，加入 ⑧ 乾葱蓉和 ⑨ 指天椒，試味滿意後，完成。

懶煮小貼士
TIPS

* 檸檬葉在街市的泰國雜貨店有售，盡量切得幼細一點，香味會更突出，而且吃時不會影響口感。
* 魚餅可以厚切，也可以薄切。喜歡吃啖啖肉的人，可以煎厚一點；喜歡香脆口感的，可以煎薄一點。
* 一般香港街市售賣的鯪魚肉已有調味，所以只需加點檸檬葉和糖，帶出泰式風味便可。如你買到的鯪魚肉沒有調味，可按口味加適量鹽拌勻。

免焗一口蜜汁叉燒

No-bake One-bite Honey-glazed Char Siu Pork

大女兒是叉燒控，只要有叉燒，就能吃一碗飯，所以 MrsLazy 研究了這個簡易版，醃好肉煎焗 5 分鐘，就有一碟香噴噴的叉燒，超方便，又好味！

材料 INGREDIENTS

① 豬脢頭肉 ~~~ 300 克（1/2 斤）

② 蜜糖 ~~~ 2 茶匙

③ 熱水 ~~~ 1 湯匙

調味料 SEASONING

④ 柱侯醬 ~~~ 2 湯匙

⑤ 叉燒醬 ~~~ 1 湯匙

⑥ 五香粉 ~~~ 1/2 茶匙

⑦ 糖 ~~~ 1 茶匙

分量
3-4 人

懶人包太太做法
METHOD

1. ①胸頭肉洗淨，瀝乾水分，切成一口尺寸（圖a）。
2. ④-⑦調味料混合，加入切件胸頭肉（圖b），放雪櫃冷藏醃過夜一晚。
3. ② 蜜糖和 ③ 熱水拌成蜜糖水，備用。
4. 平底鑊下油 2 湯匙，中火燒熱，放入胸頭肉，加蓋煎焗 1 分鐘，打開蓋，翻轉另一面，掃上蜜糖水，加蓋再煎焗 1 分鐘（圖c）。如此類推，將肉塊四面煎至金黃色，上碟。

a b c

懶煮小貼士
TIPS

* 可按個人喜好購買不同部位的豬肉，做出不同肉質的叉燒，例如胸頭肉做成軟脸叉燒；腩肉做成半肥瘦腩叉；第一刀做成有嚼勁的叉燒等。
* 如喜歡叉燒燶邊，火力可按情況調高一點，配合自己目測和練習，做出自己喜歡的效果。

日式照燒牛肉山藥卷

Teriyaki Nagaimo Beef Rolls

很多人都做牛肉金菇卷，但有次我試了用山藥代替金菇，山藥爽脆，配濃味的牛肉，效果非常好，推薦大家試試！

材料 INGREDIENTS

① 牛肉片 ~~~ 300 克

② 山藥 ~~~ 1 條（約 300 克）

③ 青葱 ~~~ 1 棵（切粒）

④ 炒香白芝麻 ~~~ 適量

調味料 SEASONING

⑤ 日本醬油 ~~~ 2 湯匙

⑥ 味醂 ~~~ 2 湯匙

⑦ 日本料理酒 ~~~ 2 湯匙

⑧ 糖 ~~~ 2 茶匙

分量
4人

懶人包太太做法
METHOD

1. ② 山藥削皮後，放入清水內，加入白醋 1 湯匙，浸泡約 5 分鐘，取出抹乾水分，切成長方小段。
2. 每小段山藥用 ① 牛肉片捲起來（圖 a）。
3. 將 ⑤-⑧ 調味料混合成照燒汁，備用。
4. 平底鑊以中小火燒熱，放入牛肉卷煎香至 7 成熟（圖 b），加入混好的照燒汁，煮至微微收汁，加入 ③ 葱花，關火上碟。最後灑上 ④ 白芝麻，美美的完成！

懶煮小貼士
TIPS

* 山藥的黏液讓人手部癢癢的，處理山藥時先戴上手套或用廚房紙協助，避免手部直接接觸山藥（圖 c）。
* 削皮後的山藥容易氧化變黑，浸泡白醋水待一會，可防止氧化。
* 山藥是可以生吃的，主要控制牛肉的熟度便可。

八福撈起

Eight-treasure Prosperity Toss Salad

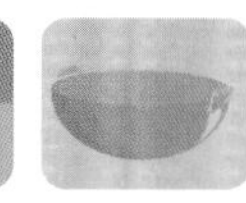

材料
INGREDIENTS

① 日本幼麵 ~~~ 1 把（分量隨意）

② 蝦仁 ~~~ 15-20 隻（視乎大小）

③ 三文魚 ~~~ 8-10 片

④ 手撕雞 ~~~ 1/2 隻

（做法參考電飯煲鹽焗手撕雞 p.80）

⑤ 黃色燈籠椒 ~~~ 1/2 個

⑥ 紫洋葱 ~~~ 1/4 個

⑦ 甘筍 ~~~ 1 小個

⑧ 青瓜 ~~~ 1 條

醃料
MARINADE

⑨ 糖 ~~~ 1/2 茶匙

⑩ 生抽 ~~~ 1/2 茶匙

⑪ 胡椒粉 ~~~ 少許

調味料
SEASONING

⑫ 日本芝麻醬 ~~~ 1/2 碗

⑬ 炒香白芝麻 ~~~ 隨意

學了一道菜，再想想怎樣延伸另一道菜式，
這些一舉兩得的煮意，MrsLazy 最喜歡～

懶人包太太做法
METHOD

1. ② 蝦仁用 ⑨-⑪ 醃料拌勻，醃 3-5 分鐘；鑊內下少許油，以中小火煎熟蝦仁，備用。
2. ⑤ 燈籠椒及 ⑥ 紫洋蔥切幼絲；⑦ 甘筍及 ⑧ 青瓜刨幼絲（圖 a），備用。
3. 小鍋加水煮熱，下 ① 日本幼麵煮熟，取出，放入冷凍食用水降溫，瀝乾水分，放於大碗，加些手撕雞剩下的油略拌，這樣麵條不會結成糰（圖 b）。
4. 將 ③ 三文魚砌成花朵形狀在碟的中央，④ 手撕雞排在大碟內，然後逐一排上已切好的材料，最後淋上 ⑫ 日本芝麻醬和灑上 ⑬ 白芝麻，美美的上菜了！

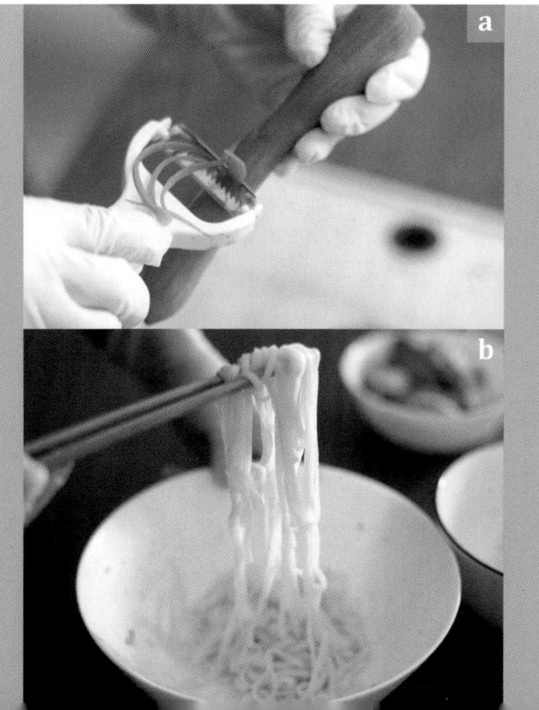
a
b

懶煮小貼士
TIPS

* 這是一道 Mix & Match 菜式，食材的分量可以按個人的喜好加減。
* 如想名貴些，可加磯煮鮑魚（做法參考磯煮鮑魚 p.132）。

簡易前菜・涼拌菜

開始下廚招呼朋友，
一定要學會幾道開胃好味的前菜傍身。
無論家常便飯或宴請朋友，
都能派上用場，令您的菜單配搭更豐盛！

Easy Appetizers

盤龍青瓜

Coiling Cucumber Salad

MrsLazy 最喜歡研究看似很厲害，其實不難做的菜式。
這個前菜一端上桌，每個人都嘩嘩聲！

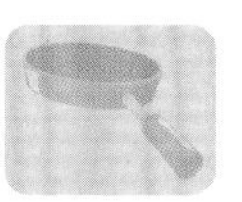

材料
INGREDIENTS

①小青瓜 ~~~ 3 條（或青瓜 2 條）

② 蒜蓉 ~~~ 2 湯匙

③ 芫荽 ~~~ 1 棵（切碎）

④ 指天椒 ~~~ 隨意

⑤ 炸花生 ~~~ 隨意

調味料
SEASONING

⑥ 白醋 ~~~ 2 湯匙

⑦ 鎮江醋 ~~~ 2 湯匙

⑧ 糖 ~~~ 2 湯匙

⑨ 麻油 ~~~ 1 湯匙

⑩ 蠔油 ~~~ 1 湯匙

⑪ 鹽 ~~~ 少許

懶人包太太做法
METHOD

1. ①小青瓜底面刨去一層皮，用兩隻筷子放於青瓜左右兩側。
2. 直刀切至青瓜六成深，由頭部至末端，每刀約間隔 2 毫米（圖 a）。
3. 青瓜反另一面，45 度斜刀切六成深，由頭部至末端，每刀約間隔 2 毫米（圖 b）。
4. ⑥-⑪ 調味料混合，加入 ②-④ 材料，試味滿意後，把混合好的調味料和青瓜一併放進食物袋（圖 c-d），醃 20-30 分鐘即可上桌，最後灑上 ⑤ 炸花生，口感味道更出色。

懶煮小貼士
TIPS

* 做法其實不難，慢慢切、多練習，一定可以做到。
* 各人對酸甜的喜好不同，將調味料混好，試味後可按個人喜好調節，直到滿意了，才把青瓜放進醃味。
* 因青瓜醃太久會變軟，所以要吃清爽口感的話，醃 20-30 分鐘即可，吃時蘸點醬汁，味道已很足夠。

酒漬話梅冰鎮車厘茄

Cherry Tomatoes Marinated in Plum-scented Shaoxing Wine

有一次，我到澳門一間著名的中菜廳吃過這道前菜，覺得特別醒胃。我記住這個味道，回家用簡單方法複製，希望您也喜歡。

分量
3-4 人

材料
INGREDIENTS

① 車厘茄 ~~~ 20-30 粒

② 水 ~~~ 150 毫升

③ 話梅 ~~~ 4-6 粒

④冰糖 ~~~ 60-80 克（視乎自己喜歡的甜度）

⑤ 紹興酒 ~~~ 80-100 毫升

懶人包太太做法
METHOD

1. ① 車厘茄去蒂，洗淨，用利刀輕輕在番茄頂部淺淺地剁十字（圖 a），方便去皮。車厘茄放進熱水待 10-15 秒，番茄開始脫皮，立即放入冰水冷卻（圖 b），輕輕把番茄皮撕去，待用。

2. 煲內煮滾 ② 水，放入 ③ 話梅及 ④ 冰糖，煮溶後，調節適合自己的甜度，待涼，最後加入 ⑤ 紹興酒，試味，調節適合自己的酒香甜度。

3. 將已去皮的車厘茄放入玻璃樽，倒進梅子甜湯（圖 c），放置雪櫃酒漬 4-6 小時，就可品嘗了

懶煮小貼士
TIPS

* 因為車厘茄需要浸漬，所以要挑選肉質實淨的車厘茄。
* 梅子甜湯待涼後才加入紹興酒，酒味不會揮發，酒香味更佳。
* 酒漬冰鎮車厘茄放進雪櫃，保存 2-3 天。

磯煮鮑魚
Isoyaki Abalones

分量
6-8 隻

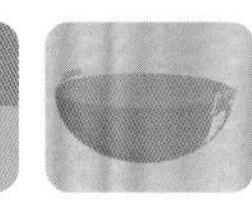
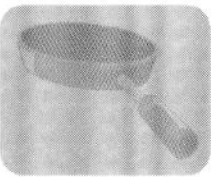

材料
INGREDIENTS

① 新鮮鮑魚 ~~~ 6-8 隻（中型）

調味料
SEASONING

② 鰹魚汁（2 倍濃縮）~~~ 150 毫升

③ 清水 ~~~ 150 毫升

④ 味醂 ~~~ 40 毫升

⑤ 日本料理酒 ~~~ 40 毫升

⑥ 日本醬油 ~~~ 1 茶匙

⑦ 糖 ~~~ 2 湯匙

宴客前菜，鮑魚是大方得體的選擇。
這個日式煮法很簡單，又可以事前準備，
而且非常美味，是包仔的至愛！

懶人包太太做法
METHOD

1. 預備一盤熱水，放入 ① 鮑魚浸 30 秒（視乎鮑魚大小）（圖 a），取出，沖凍水降溫。
2. 用小刀取出鮑魚，去除內臟和鮑魚咀（圖 b），用軟毛牙刷沾一點水和粟粉，洗刷鮑魚污漬（圖 c）。喜歡的話，可在鮑魚表面輕剟十字花（圖 d）。
3. 燒熱一鍋水，水滾後，下鮑魚煮 1.5-2.5 分鐘（視乎鮑魚大小），用筷子能戳穿代表鮑魚熟透，快手取出鮑魚，放入冰水即時降溫。
4. 另備鍋，放入 ②-⑦ 調味料煮熱，試味後按個人喜好微調一下，待涼。
5. 調味汁待涼後，放入鮑魚（圖 e），放進雪櫃待一晚；如放置 1-2 天吃，鮑魚更入味。

a b c d e

懶煮小貼士
TIPS

* 注意牙刷不要選太硬毛的，容易刷爛鮑魚。
* 吃的時候蘸點日本芥末，味道更突出。
* 浸好的鮑魚可存放雪櫃，最好在 2-3 天內食用。

韓式麻藥蛋

Korean Mayak Eggs

會讓人吃上癮的韓式麻藥蛋，
做好的醬汁可以拌飯、拌麵，
不知不覺間，很容易吃多，要小心啊～

分量
3-4 人

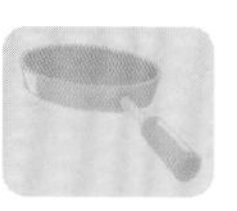

材料
INGREDIENTS

① 雞蛋 ~~~ 4-5 隻（室溫）
② 炒香白芝麻 ~~~ 1 湯匙
③ 蒜蓉 ~~~ 1-2 湯匙
④ 洋葱 ~~~ 1-2 湯匙（切小塊）
⑤ 青葱 ~~~ 1-2 湯匙（切粒）
⑥ 青、紅辣椒 ~~~ 隨意（切圈）

調味料
SEASONING

⑦ 熱水 ~~~ 150 毫升
⑧ 糖 ~~~ 2 湯匙
⑨ 韓式醬油 ~~~ 60-80 毫升
⑩ 粟米糖漿 ~~~ 2 湯匙
⑪ 麻油 ~~~ 1 湯匙

懶人包太太做法
METHOD

1. ① 雞蛋底部用針戳一個小孔（圖 a）。
2. 煮滾一鍋水，轉中火，小心地放進雞蛋，計時 5 分 30 秒，取出，立即放入冰水降溫（圖 b），小心剝殼備用。
3. ⑦ 熱水與 ⑧ 糖拌勻至溶化，待涼後，加入 ⑨ 醬油、⑩ 粟米糖漿及 ⑪ 麻油拌勻，再加入 ②-⑥ 材料，試味滿意後，可加入雞蛋浸泡（圖 c）。
4. 放入雪櫃，最好冷藏 6 小時或以上，期間將雞蛋翻面，令上色更均勻。

懶煮小貼士
TIPS

* 粟米糖漿是韓式食材，能讓醬汁濃稠一點、雞蛋光亮一點。若沒有，可加糖 1 湯匙代替。
* 如不想購買韓式醬油，可用日式醬油或中式生抽代替，當然風味會有些微差別，但可以接受。
* 煮雞蛋的時間，可介乎 5-6 分鐘，視乎個人喜歡蛋黃的熟度。
* 糖芯雞蛋比較軟身，要輕力敲碎雞蛋表面多一點，剝殼時容易些。

涼拌肉鬆皮蛋豆腐

Tofu Appetizer with Thousand-year Egg and Pork Floss

簡單又健康的前菜，而且不用開火，即做即吃，
家常便飯或宴客，隨時可加添的一道前菜。

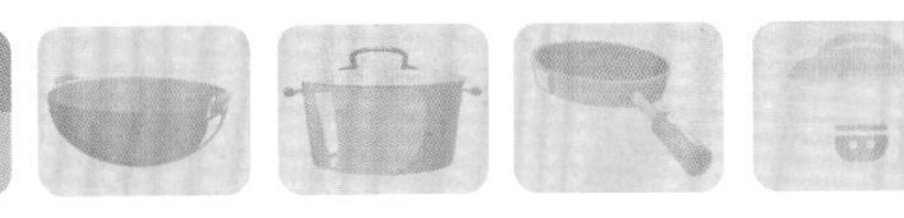

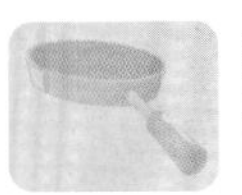

材料
INGREDIENTS

① 盒裝軟豆腐 ~~~ 1 盒

② 皮蛋 ~~~ 1 個（切粒）

③ 肉鬆 ~~~ 3-4 湯匙

④ 葱花 ~~~ 1 湯匙

⑤ 指天椒碎 ~~~ 隨意

醬汁
SAUCE

⑥ 蠔油 ~~~ 2 湯匙

⑦ 白醋 ~~~ 1 湯匙

⑧ 生抽 ~~~ 1 茶匙

⑨ 糖 ~~~ 2 茶匙

⑩ 麻油 ~~~ 2 茶匙

⑪ 蒜蓉 ~~~ 2 茶匙

懶人包太太做法
METHOD

1. 將 ① 盒裝軟豆腐取出，因豆會出水，讓它靜置 10 分鐘，倒出多餘的水分（圖 a）。
2. ⑥-⑪ 醬汁混合，試味滿意後備用。
3. 豆腐簡單地切件，放上 ② 皮蛋粒，淋上醬汁，加上 ③ 肉鬆、④ 葱花及 ⑤ 指天椒碎（圖 b-c），完成！

懶煮小貼士 TIPS

* 想完整地取出豆腐，可用刀在盒角剔一下，豆腐較易取出來。
* 醬汁調好後，味道會偏濃，但配上淡味的豆腐，就剛剛好了。

懶煮養生湯

湯水是家中菜單必備的，
這裏分享五款日常養生湯水，
材料不複雜，做法簡單，
跟着 MrsLazy 方法做，
五款湯水可以交替煲煮，
家常喝或宴客都很合適！

Nourishing Soups

祛濕・赤小豆粉葛齋湯

Vegan Soup with Small Red Beans and Kudzu

分量
4 人

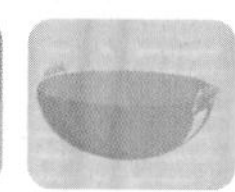

材料
INGREDIENTS

① 粉葛 ~~~ 900 克（1.5 斤）（切小件）

② 有泥紅蘿蔔 ~~~ 1 條（切小件）

③ 粟米 ~~~ 1 條（切小件）

④ 陳皮 ~~~ 1 大塊

⑤ 赤小豆 ~~~ 75 克（2 兩）

⑥ 扁豆 ~~~ 75 克（2 兩）

⑦ 無花果 ~~~ 4 個

⑧ 合桃 ~~~ 2 把手（約 80 克）

⑨ 腰果 ~~~ 2 把手（約 90 克）

⑩ 水 ~~~ 3 公升

懶人包太太做法
METHOD

1. ④ 陳皮用溫水浸軟，刮去白色內瓤，備用。
2. ①-⑨ 材料預備好，沖淨，放入湯煲內，注入⑩ 水以大火煲滾，轉小火繼續煲 1.5 小時。
3. 完成後不用開蓋，繼續待至降溫。飲用時下鹽調味即可。

春夏之間，又熱又濕，身體容易聚濕，所以很喜歡煲這個祛濕齋湯。不用下肉，湯已很清甜、不油膩，而且健脾利尿、清熱祛濕，一家大細都適合飲用。

懶煮小貼士 TIPS

* 粉葛頗硬身，在街市購買時，檔主通常幫忙削皮及切件。
* 不用下肉煲湯，湯水的味道已足夠，而且沒有油。這款湯水健脾利尿，清熱祛濕，一家大小都適合飲用～

潤肺‧沙參玉竹麥冬湯

Pork Shin Soup with Sha Shen, Yu Zhu and Mai Dong

沙參、玉竹、麥冬是潤肺、養陰生津的藥材，可以常備在家。
只要處理豬腱，沖洗一下其他材料，可以下鍋一併煲煮，
材料簡單，但煲出來的湯水非常清潤夠味！

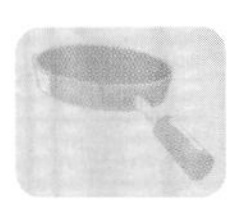

材料
INGREDIENTS

① 豬腱 ~~~ 600 克（1 斤）

② 陳皮 ~~~ 1 大塊

③ 沙參 ~~~ 38 克（1 兩）

④ 玉竹 ~~~ 38 克（1 兩）

⑤ 麥冬 ~~~ 38 克（1 兩）

⑥ 無花果 ~~~ 3 粒

⑦ 水 ~~~ 3 公升

懶人包太太做法
METHOD

1. 煮一鍋清水，放入 ① 豬腱，汆水，沖水備用。
2. ② 陳皮用溫水浸軟，刮去白色內瓤，備用。
3. ③-⑥ 材料沖洗乾淨，備用。
4. 所有材料放入湯煲內，加入 ⑦ 水，開大火煲滾，轉小火煲 1.5 小時。
5. 完成後不用開蓋，繼續待至降溫。飲用時下鹽調味即可。

懶煮小貼士
TIPS

* 沙參可略切小段，方便出味。
* 如你喜歡，可浸發一朵雪耳同煲，湯水會更加滋潤。

補氣・黨參北芪豬骨湯

Pork Bone Soup with Bei Qi and Dang Shen

材料
INGREDIENTS

① 豬骨 ~~~ 600 克(1 斤)
② 陳皮 ~~~ 1 大塊
③ 杞子 ~~~ 1 把手(約 15 克)
④ 黨參 ~~~ 38 克(1 兩)
⑤ 北芪 ~~~ 38 克(1 兩)
⑥ 淮山 ~~~ 38 克(1 兩)
⑦ 圓肉 ~~~ 1 把手(約 25 克)
⑧ 無花果 ~~~ 3 粒
⑨ 水 ~~~ 3 公升

懶人包太太做法
METHOD

1. ① 豬骨汆水(圖 a),水滾即取出,沖淨。
2. ② 陳皮用溫水浸軟,刮去白色內瓤,備用。③ 杞子用溫水浸軟,備用。
3. ④-⑧ 藥材乾貨洗淨,備用(圖 b)。
4. 豬骨及步驟 3 材料一併放入湯煲,加入 ⑨ 水,開大火煲滾,轉小火煲 1.5 小時,於最後 20 分鐘加入杞子。
5. 完成後不用開蓋,繼續待至降溫。飲用時下鹽調味。

中醫說我氣血不足，但又受不起大補，
所以建議我喝這款湯來補氣血。
黨參、北芪是中醫常用的溫和補氣藥材，性平，補而不燥～

懶煮小貼士
TIPS

* 黨參和北芪最宜剪成小段，方便出味。
* 杞子本身不耐火，所以在最後 20 分鐘加入即可。

養顏・椰子烏雞湯

Silkie Chicken Soup with Coconut

這是 MrsLazy 宴客常備的湯水，清甜滋潤，
又簡單易做，很受家人朋友歡迎～

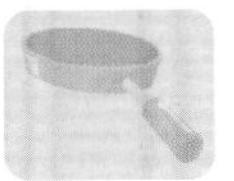

材料
INGREDIENTS

① 椰子 ~~~ 1 個（連椰子水）

② 烏雞 ~~~ 1 隻

③ 陳皮 ~~~ 1 大塊

④ 杞子 ~~~ 1/2 把手（約 7.5 克）

⑤ 螺片 ~~~ 2-4 片（視乎大小）

⑥ 淮山 ~~~ 5-6 片

⑦ 水及椰子水 ~~~ 2.5 公升

懶人包太太做法
METHOD

1. ① 椰子切小件（圖 a）。
2. ② 烏雞去頭尾，用鹽 1 茶匙洗擦雞內腔，沖水（可原隻放入煲煮或切件方便出味）。
3. 煮一鍋清水，放入烏雞，汆水，沖水備用。
4. ③ 陳皮溫水浸軟，刮去白色內瓤備用。④ 杞子用溫水浸軟，備用。
5. ⑤-⑥ 材料沖洗後，與上述預備好的材料一併放入湯煲內（杞子除外）。
6. ⑦ 椰子水過篩（圖 b），加入水共量 2.5 公升，放入湯煲，以大火煲滾，轉小火繼續煲 1.5 小時，最後 20 分鐘放入杞子。
7. 完成後不用開蓋，繼續待至降溫，飲用時下鹽調味。

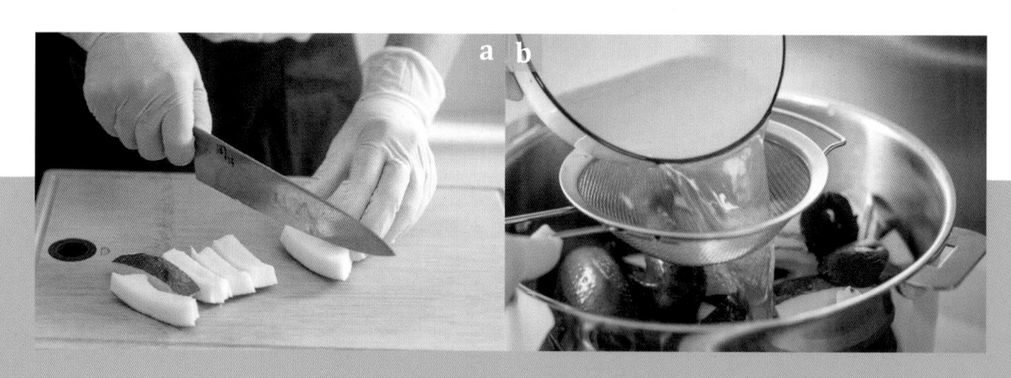
a b

懶煮小貼士
TIPS

* 街市售椰子的檔主，會幫忙破開椰子，另將椰子水用膠袋盛起。
* 如不喜歡烏雞，用普通雞也可；但建議先去皮，湯水不會太油膩。
* 如不想使用螺片，可用豬腱肉 300 克（1/2 斤）代替，豬腱肉先汆水才煲湯。

強身・猴頭菇姬松茸蟲草花素湯

Vegan Soup with Cordyceps Flowers, Himematsutake and Monkey Head Mushrooms

猴頭菇營養價值高，促進新陳代謝，抗氧化，幫助增強體力；
蟲草花和姬松茸有助增加免疫力。這些食材價格不貴，
在一般藥材店可買到，是很好的平民保健品～

分量
4人

材料
INGREDIENTS

① 猴頭菇 ~~~ 2 個（中型）

② 姬松茸 ~~~ 1 把手（約 8-10 個）

③ 陳皮 ~~~ 1 大塊

④ 帶泥紅蘿蔔 ~~~ 1 個

⑤ 粟米 ~~~ 1 條

⑥ 腰果 ~~~ 2 把手（約 90 克）

⑦ 合桃 ~~~ 2 把手（約 80 克）

⑧ 蟲草花 ~~~ 1 把手

⑨ 水 ~~~ 2.5 公升

懶人包太太做法
METHOD

1. ① 猴頭菇帶苦澀味，用水浸軟，擠乾水分，開始時水帶泥黃，換水再浸，來回做 3-4 次，待菇水較清即可，浸菇水棄用。猴頭菇剪去硬蒂部分，撕成小件備用（圖 a）。
2. ② 姬松茸洗淨，用水浸軟，浸泡水過篩用來煲湯（圖 b）。
3. ③ 陳皮用溫水浸軟，刮去白色內瓤備用。④ 帶泥紅蘿蔔削皮，切小件。⑤ 粟米去外衣，切小件。⑥-⑧ 材料沖淨，備用。
4. 湯煲內放入所有材料（蟲草花除外），加入 ⑨ 水及浸姬松茸水（圖 c），開大火煲滾，轉小火煲 1.5 小時，最後 30 分鐘放入蟲草花。
5. 完成後不用開蓋，繼續待至降溫，飲用時下鹽調味即可。

懶煮小貼士
TIPS

* 處理蟲草花時，不要清洗太久，否則表面的真菌孢子粉流失，影響食用療效，建議略沖洗便可，並後放湯內煲煮，更能保持其營養價值。
* 如喜歡湯水帶肉味，可放入豬腱肉 300 克（1/2 斤），豬腱肉先汆水才煲湯。

CONTENTS

Sweet Treats and Snacks

Easy-making Meals

Home-style and Banquet Dishes

Easy Appetizers

Nourishing Soups

Sweet Treats and Snacks

Osmanthus and Goji Berry Jelly

Utensil: a small pot
Yield: 3 to 4 servings
*refer to p.28 for the steps

INGREDIENTS

① 5 g dried osmanthus
② 300 ml boiling hot water (divided into 3 parts: a. 150 ml, b. 50 ml, c. 100 ml)
③ 10 g dried goji berries
④ 50 ml water at room temperature
⑤ 18 g gelatine powder
⑥ 60 g rock sugar

METHOD

1. Soak ① dried osmanthus in water briefly. Use a teaspoon to skim off those flowers that float on top and use them for this recipe. Discard those that sink to the bottom (fig a). Transfer the osmanthus into a cup. Add ②a 150 ml of boiling water. Cover the lid and leave it for 20 minutes for the flavour to infuse (fig b).
2. Rinse the ③ goji berries. Put them into a bowl and add ②b 50 ml of boiling water. Cover with lid and leave them for 10 minutes.
3. Strain the osmanthus tea from step 1 and goji berry tea from step 2 together. Set aside the liquid (fig c), the osmanthus and goji berries separately for later use.
4. In a small pot, add ④ water at room temperature and ⑤ gelatine powder (fig d). Mix well and add ②c 100 ml of boiling water and ⑥ rock sugar. Turn on low heat and cook until the sugar and gelatine dissolves completely. Pour in the osmanthus and goji berry tea from step 3. Mix well. Pour into a flat-bottomed glass container (fig e).
5. Sprinkle some goji berries and osmanthus on top. Cover the lid or cover with cling film. Refrigerate for overnight. Slice and serve.

Rice Cooker Water Chestnut Cake

Utensil: rice cooker
Yield: 4 to 6 servings
*refer to p.32 for the steps

INGREDIENTS

① 20 to 22 water chestnuts
② 150 g rock sugar
③ 100 g light brown sugar
④ 180 g water chestnut starch
⑤ 1 litre water

METHOD

1. Rinse the ① water chestnuts. Peel and slice them. Soak them in drinking water to prevent them from browning (fig a).
2. In a mixing bowl, add half of the ⑤ water to the ④ water chestnut starch. Mix well. Sieve the mixture once (fig b).
3. In a pot, pour in the rest of the water (500 ml). Add ② rock sugar and ③ light brown sugar. Cook over low heat and keep stirring the mixture to avoid burning it.
4. Stir the sieved water chestnut starch slurry from step 2 to mix well. Pour half of the slurry into the syrup from step 3. Whisk until well mixed and lump free. Keep whisking until the mixture starts to thicken (fig c). Turn off the heat.
5. Whisk in the remaining water chestnut starch slurry to mix well quickly (fig d). Add 2/3 of the water chestnuts from step 1. Mix well.
6. Brush a coat of oil on the inner pot of the rice cooker. Pour in the batter from step 5.
7. Turn on the rice cooker in "white rice" cooking mode. Let it finish the cycle and turn it on once more. It takes about 60 minutes to cook through (fig e). Test for doneness by inserting a bamboo skewer at the centre of the water chestnut cake. If it comes out clean, the cake is done. Let it sit in the inner pot with lid. Leave it to cool. You may serve straight, but it tastes even better if you slice it and pan-fry it before serving.

Rice Cooker Tofu Pudding Dessert

Utensil: rice cooker
Yield: 4 servings
*refer to p.35 for the steps

INGREDIENTS

① 900 – 1,000 ml unsweetened soymilk
② 1 to 2 tsp food-grade gypsum powder
③ 2 tsp cornstarch

GINGER SYRUP

④ 6 to 8 slices ginger (crushed with the flat side of a cleaver)
⑤ 30 to 40 g raw cane sugar slabs, or light brown sugar
⑥ 100 ml water

METHOD

1. Put ② gypsum powder and ③ cornstarch into the rice cooker. Add two tbsp of ① soymilk. Mix well (fig a).
2. In a clean small pot without any trace of oil, pour in the remaining soymilk. Cook over medium-low heat until it comes to a gentle boil. Turn off the heat.
3. Pour the hot soymilk into the rice cooker (fig b). DO NOT stir the mixture.
4. Turn on the rice cooker in "warm" mode. Put a piece of kitchen paper towel over the inner pot to avoid the condensation from dripping onto the tofu pudding (fig c). Let the rice cooker run in "warm" mode for 30 minutes.
5. To make the ginger syrup, put ④ ginger, ⑤ raw cane sugar slabs, and ⑥ water into a small pot. Cook until sugar dissolves. Leave it to cool (fig d). Drizzle the tofu pudding with ginger syrup before serving.

Rice Cooker Winter Melon Tea with Dried Longan

Utensil: rice cooker
Yield: 3 to 4 servings
*refer to p.37 for the steps

INGREDIENTS

① 1.2 kg winter melon
② 150 g dark brown sugar
③ a handful of dried longan
④ 100 g rock sugar

METHOD

1. Rinse the ① winter melon. Peel and de-seed it, but keep the peel, pith and seeds. Dice the winter melon flesh. Put it into a rice cooker together with the peel, pith and seeds (fig a).
2. Add ② dark brown sugar to the winter melon mixture (fig b). Do not add water. The sugar would draw the water out of the winter melon (fig c). Leave it for 60 minutes and stir the mixture every 20 minutes.
3. Rinse the ③ dried longan. Add dried longan and ④ rock sugar to the winter melon mixture (fig d). Turn on "white rice" cooking mode once and let it finishes the cycle after 35-37 minutes. Leave it to sit in the rice cooker for 15 minutes more without opening the lid. Then strain and press the winter melon mixture through a sieve to extract the winter melon tea concentrate. Refrigerate it .
4. To serve, pour some winter melon tea concentrate into a glass. Thin it out with drinking water, and optionally, top with ice cubes for a refreshing drink.

Broken Glass Jelly

Yield: 4 servings
*refer to p.41 for the steps

INGREDIENTS

① 4 boxes of jelly powder (different colours)
② 720 ml of boiling hot water (180 ml for each box of jelly powder)
③ 2 tbsp (20-22g) gelatine powder
④ 4 tbsp (about 60ml) drinking water at room temperature
⑤ 100 ml boiling hot water
⑥ 1 can (about 380-400 ml) evaporated milk

METHOD

1. Put each box of ① jelly powder into a separate flat-bottomed heatproof container. Add 180 ml of ② hot water into each container. Mix until jelly powder dissolves. Refrigerate for 6 hours at least until set (fig a).
2. Cut the set jelly into small cubes. Mix all jelly cubes of different colours in a bigger flat-bottomed container (a glass, plastic or non-stick tray or dish) (fig b).
3. In a small bowl, add ③ gelatine powder to ④ drinking water at room temperature. Mix well. Then add ⑤ hot water and stir until lump-free. Pour in ⑥ evaporated milk. Mix well.
4. Pour the evaporated milk-gelatine mixture into the bigger flat-bottomed container over the jelly cubes (fig c). Refrigerate for overnight. Cut into pieces. Serve.

One-bite Rice Crackers with Shrimp Salad

Yield: 10 servings
*refer to p.43 for the steps

INGREDIENTS

① 1 small apple (cored)
② 1 small avocado (peeled)
③ 10 frozen shrimps (shelled)
④ Japanese mayonnaise
⑤ chopped black pepper
⑥ 10 rice crackers (flavour of your choice)
⑦ wasabi green peas

METHOD

1. Dice ① apple and ② avocado.
2. Thaw ③ frozen shrimps and devein them. Boil a pot of water and add 1 tsp of salt. Blanch the shrimps until they just turn red and cooked through. Dunk them in an ice water bath to cool down. Drain and wipe dry with paper towel (fig a). The shrimps will taste more bouncy this way.
3. In a mixing bowl, put in apple, avocado and shrimps. Add ④ mayonnaise and ⑤ chopped black pepper. Mix well (fig b). This is the shrimp salad.
4. Divide the shrimp salad from step 3 evenly on the ⑥ rice crackers (fig c). Sprinkle with a few ⑦ wasabi green peas on each of them for extra flavours and textures. Serve.

Red Date and Dried Longan Sweet Soup with Peach Resin

Utensil: a pot
Yield: 3 to 4 servings
*refer to p.45 for the steps

INGREDIENTS

① half a handful of peach resin
② a handful of de-seeded dried longan
③ half a handful of dried lily bulbs
④ half a handful of lotus seeds (skin-on)
⑤ 10 to 12 red dates (de-seeded)
⑥ 1 litre water
⑦ 30 to 40 g rock sugar

METHOD

1. Soak ① the peach resin in a large bowl of drinking water for 10 to 12 hours until thoroughly rehydrated without any hard bits. The peach resin will expand a few times in volume after rehydration.
2. The dirt hidden in the peach resin will float in the water. Remove any dark bits with a toothpick (fig a, b).
3. Rinse ingredients ① to ⑤ in water. Transfer into a pot. Add ⑥ water and bring to the boil. Turn to medium-low heat and simmer for 30 to 45 minutes until you can smell the red date fragrance (fig c).
4. As both red dates and dried longan are sweet in taste, try the sweet soup before seasoning further with ⑦ rock sugar. Serve.

No-bake Tuna Toast

Utensil: frying pan
Yield: 2 servings
*refer to p.47 for the steps

INGREDIENTS

① 100 g canned tuna in brine (drained)
② 3 tbsp sweet corn kernels
③ 3 tbsp finely diced onion
④ 4 to 5 tbsp Japanese mayonnaise
⑤ ground black pepper
⑥ 1 slice sandwich bread
⑦ 5 to 10 g butter
⑧ dried coriander

METHOD

1. Flake ① the tuna with a fork. Add ② sweet corn kernels and ③ diced onion. Add ④ Japanese mayonnaise and mix well (fig a). Sprinkle with some ⑤ ground black pepper.
2. Cut ⑥ the slice of sandwich bread into 4 pieces (fig a). Heat a frying pan over medium-low heat. Add ⑦ butter and cook till it melts. Put into the bread and flip it to coat both sides in butter. Keep on frying until both sides golden (fig b).
3. Spread some tuna mixture on each piece of bread. Sprinkle with ⑧ dried coriander. Serve.

No-knead Rice Cooker Soymilk Bread

Utensil: rice cooker
Yield: 3 to 4 servings
*refer to p.51 for the steps

INGREDIENTS

*For rick cooker inner pot with 17cm diameter, divide the dough into 7 pieces, about 63 g each
① 160 g unsweetened soymilk
② 20 g sugar
③ 3 g dried yeast
④ 20 g condensed milk
⑤ 20 g vegetable oil
⑥ 220 g bread flour
⑦ 3 g salt

*For rick cooker inner pot with 20cm diameter, divide the dough into 9 pieces, about 60 g each
① 200 g unsweetened soymilk
② 20 g sugar
③ 3 g dried yeast
④ 20 g condensed milk
⑤ 20 g vegetable oil
⑥ 280 g bread flour
⑦ 3 g salt

METHOD

1. In a large mixing bowl, put in ① soymilk and ② sugar. Mix well. Add ③ dried yeast (fig a). Cover with a towel or pastry cloth and leave them for 15 minutes to activate the yeast.
2. Add ④ condensed milk and ⑤ vegetable oil. Mix until well incorporated (fig b). Add ⑥ bread flour and ⑦ salt at last. Stir until no dry patches visible (fig c).
3. Leave the dough at room temperature for 60 to 90 minutes for the first rise until it doubles in size. Cover the dough with the cloth. (The rising time depends on temperature. It's done as long as it doubles in size.) (fig d)
4. Dust your countertop with some bread flour. Lift the dough out of the bowl and transfer onto the countertop. Punch down the dough to drive air pockets out (fig e). Cover with a towel or pastry cloth and leave it to rest for 20 minutes.
5. Divide the dough according to the size of your rice cooker inner pot. Roll and fold each piece into a ball. Arrange neatly into the rice cooker inner pot (fig f-h). Cover with towel or pastry cloth for the second rise. It takes about 40 to 50 minutes for the dough balls to double in size (fig i).
6. Turn on "white rice" cooking mode twice. It needs about 60 minutes to complete two cycles. (Refer to p.20 for tips on rice cooker)

Easy-making Meals

Rice Cooker One-pot Hainanese Chicken Rice

Utensil: rice cooker
Yield: 2 servings
*refer to p.56 for the steps

INGREDIENTS

① 2 cups white rice (use the rice cooker measuring cup)
② 2 chicken legs

SEASONING

③ 1 tsp garlic salt
④ 1 tsp sugar
⑤ 1 tsp rice wine
⑥ 1 tsp turmeric

SEASONING FOR OIL RICE

⑦ 3 slices ginger (crushed with the flat side of a cleaver)
⑧ 4 cloves garlic (crushed with the flat side of a cleaver)
⑨ 2 shallots (cut into halves)
⑩ 2 sprigs lemongrass (bruised)
⑪ 2 pandan leaves (tied into a knot)
⑫ 2 cups chicken stock (use the rice cooker measuring cup)
⑬ 1 tsp turmeric powder
⑭ 1 to 2 tbsp oil

METHOD

1. Rinse and wipe dry the ② chicken legs. Set aside. Mix the seasoning ③ to ⑥ until well combined. Spread the seasoning evenly over the chicken legs. Leave them for 10 to 15 minutes.
2. Heat a wok and add ⑭ oil. Stir-fry aromatics from ⑦ to ⑨ until fragrant (fig a). Set aside.
3. Rinse the ① white rice and transfer into the rice cooker. Add ⑫ chicken stock and ⑬ turmeric powder. Mix well.
4. Put in the fried aromatics from step 2 together with the oil. Add ⑩ lemongrass and ⑪ pandan leaves. Arrange the marinated chicken from step 1 over the rice (fig b, c).
5. Turn on the rice cooker and let it run in "white rice" cooking mode once. Check the chicken for doneness. Serve.

Japchae (Korean Glass Noodles with Assorted Veggies)

Utensil: a wok
Yield: 1 to 2 servings
*refer to p.59 for the steps

INGREDIENTS

① 60 g Korean glass noodles
② 200 to 250 g sliced fatty beef
③ 8 to 10 sprigs spinach
④ 1/2 small carrot (grated into fine shreds)
⑤ 3 shiitake mushrooms (fresh, or dried ones soaked in water till soft, sliced)
⑥ 1/3 onion (shredded)
⑦ toasted white sesames

SEASONING

⑧ 1 tbsp light soy sauce
⑨ 1 tbsp sugar
⑩ 1 tbsp sesame oil
⑪ salt

METHOD

1. Boil a pot of water and put in ① Korean glass noodles. Cook for 3 to 5 minutes until cooked through and transparent. Drain and rinse in cold drinking water. Drain again (fig a).
2. In a dry wok, stir-fry the ② fatty beef until medium-well done. Set aside.
3. In the same wok, use the remaining oil to stir-fry ⑥ onion and ⑤ shiitake mushrooms until fragrant. Add ④ carrot and ③ spinach (fig b).
4. Add seasoning from ⑧ to ⑩. Toss to mix well.
5. Turn off the heat. Put in fatty beef and glass noodles. Sprinkle with a pinch of ⑪ salt. Toss until all ingredients are well mixed (fig c). Taste it to see if it needs further seasoning. Sprinkled with ⑦ toasted sesames. Serve.

Soft-scrambled Eggs with Shrimps

Utensil: a frying pan
Yield: 2 to 3 servings
*refer to p.61 for the steps

INGREDIENTS

① 15 to 20 frozen shelled shrimps
② 3 eggs
③ 1 sprig spring onion (diced)

SEASONING

④ 1/2 tsp light soy sauce
⑤ 1/2 tsp sugar
⑥ ground white pepper
⑦ salt

METHOD

1. Thaw the ① frozen shrimps. Devein and wipe dry (fig a). Add ④ light soy sauce, ⑤ sugar and ⑥ ground white pepper to the shrimps. Mix well and leave them briefly.
2. Heat oil in a pan. Stir-fry the shrimps until medium-well done (fig b). Set aside.
3. In a mixing bowl, whisk the ② eggs with a pinch of ⑦ salt.
4. Wash the pan. Heat it up and add oil. Pour in the whisked eggs (fig c) and cook over medium-low heat until half-cooked and still a bit runny. Put in the shrimps from step 2 and ③ spring onion. Toss and stir to mix well. Turn off the heat when the eggs are almost set (fig d). Serve.

Gyu Don (Japanese Beef Rice Bowl)

Utensil: a frying pan
Yield: 1 to 2 servings
*refer to p.63 for the steps

INGREDIENTS

① 250 g sliced beef
② 1/2 onion (cut into thick strips)
③ spring onion (finely chopped)
④ toasted white sesames

SEASONING

⑤ 1 tbsp Japanese soy sauce
⑥ 1 tbsp bonito tsuyu
⑦ 2 tbsp mirin
⑧ 2 tbsp sake (or Japanese cooking wine)
⑨ 1 tsp sugar

METHOD

1. Heat some oil in a pan. Stir-fry ② onion until fragrant. Mix the seasoning from ⑤ to ⑨ (fig a) and pour the mixture in with the onion. Cook until onion reaches medium-rare doneness.
2. Add ① sliced beef to the mixture. Cook until medium-well done (fig b). Turn off the heat.
3. Sprinkle with ③ spring onion and ④ white sesames on top. Transfer to the mixture into a serving bowl with piping hot steamed rice. Serve.

Tuscan Salmon

Utensil: a frying pan
Yield: 2 servings
*refer to p.65 for the steps

INGREDIENTS

① 2 pieces salmon fillet
② 40 to 50 g spinach
③ 10 to 12 cherry tomatoes
④ 2 tbsp grated garlic
⑤ 1/4 onion (diced)

SEASONING

⑥ 10 to 15 g butter
⑦ 100 ml whipping cream
⑧ salt
⑨ ground black pepper

METHOD

1. Rinse the ① salmon and wipe dry with paper towel. Heat a pan and add some oil. Put in

the salmon and season with ⑧ salt and ⑨ ground black pepper. Fry until both sides golden (fig a), and set aside.
2. Wash the pan and heat it up again. Add ⑥ butter and stir-fry ④ garlic and ⑤ onion until fragrant. Put in ③ cherry tomatoes and toss quickly (fig b).
3. Add ⑦ whipping cream and season with salt and ground black pepper. Taste it and season further if needed. Put in the ② spinach and toss briefly (fig c). Cook until the spinach wilts slightly. Turn off the heat.
4. Put in the fried salmon from step 1. Serve.

Avocado Poke Bowl

Utensil: rice cooker
Yield: 2 servings
*refer to p.66 for the steps

INGREDIENTS

① 300 g sashimi of your choice
② 2 bowls steamed rice
③ 2 avocadoes (medium-sized)
④ 2 hard-boiled eggs
⑤ 1/2 bowl sweet corn kernels
⑥ assorted vegetables of your choice (e.g. shredded purple cabbage, cherry tomatoes, shredded carrot)

SEASONING

⑦ 2 tsp Japanese soy sauce
⑧ 2 tsp mirin
⑨ 3 to 4 tbsp mayonnaise
⑩ salt
⑪ ground black pepper

METHOD

1. Slice the ① sashimi. Add ⑦ soy sauce and ⑧ mirin. Mix well and leave them for 5 minutes (fig a).
2. Core and peel the ③ avocadoes. Mash them. Add ⑤ sweet corn kernels, ⑨ mayonnaise, ⑩ salt and ⑪ ground black pepper. Mix until creamy and well incorporated (fig b).
3. Add warm ② rice to the avocado mixture. Mix well. Taste it and decide if it needs more seasoning or mayo. Transfer into a serving bowl.
4. Arrange sliced sashimi, ④ eggs and ⑥ assorted vegetables over the rice. Garnish with more mayo or fresh herbs. Serve.

Show Me Your Love (Creamed Corn with Pork Cubes Over Rice)

Utensil: a wok
Yield: 3 to 4 servings
*refer to p.68 for the steps

INGREDIENTS

① 300 g pork shoulder butt
② 4 bowls steamed rice
③ 1 box / can cream-style sweet corn
④ 4 to 6 tbsp water

SEASONING

⑤ 2 tsp light soy sauce
⑥ 1 tsp sugar
⑦ 1 tsp oyster sauce
⑧ salt
⑨ ground white pepper

METHOD

1. Rinse the ① pork and wipe dry. Dice it. Add seasoning ⑤ to ⑨ and mix well. Leave it to marinate for 5 minutes.
2. Heat a wok over medium heat. Add oil and stir-fry pork until golden (fig a). Arrange over a bed of ② steamed rice in a serving bowl.
3. Wash the wok and wipe dry. Pour ③ cream-style sweet corn into the wok. Add ④ water and bring to the boil (fig b). Season with a pinch of salt and taste it. Drizzle the mixture over the pork cubes and the rice. Serve.

Hong Kong-style Spaghetti Bolognese

Utensil: a wok
Yield: 2 to 3 servings
*refer to p.70 for the steps

INGREDIENTS

① 200 g ground beef
② 2 tomatoes
③ 1/3 onion
④ 1/2 carrot
⑤ 1 celery stem
⑥ 1 tbsp grated garlic
⑦ 2 bay leaves
⑧ 200 g dried spaghetti

SEASONING

⑨ 5 tbsp ketchup
⑩ 2 tbsp tomato paste
⑪ 1 tbsp sugar
⑫ 120 ml chicken stock
⑬ 15 g butter
⑭ salt
⑮ ground black pepper

METHOD

1. Cut a shallow cross on both the top and bottom of each ② tomato. Boil a pot of water. Put in the tomatoes and cook for 3 to 5 minutes until the skin starts to pull away. Peel off the skin (fig a). Finely dice them. (If you don't mind having bits of tomato skin in your pasta sauce, you may skip the peeling step. Simply dice the tomatoes with skin on.)
2. Finely dice ③ onion, ④ carrot and ⑤ celery. You'd need about 1/2 bowl of each of them (fig b).
3. Heat a wok over medium heat. Add oil and stir-fry ⑥ garlic until fragrant. Put in onion, carrot and celery. Toss until fragrant. Add ① ground beef and stir until the beef achieves medium doneness. Add diced tomatoes. Keep stirring until fragrant (fig c).
4. Add seasoning from ⑨ to ⑫. Put in the ⑦ bay leaves. Cook over medium heat until the tomato breaks down (it takes 15 to 20 minutes). Add ⑬ butter to make it richer (fig d). Taste it and season with ⑭ salt and ⑮ ground black pepper further if needed.
5. Boil a pot of water. Add 1 tsp of salt. Put in ⑧ spaghetti and cook according to the instructions on the package. Drain and set aside.
6. Divide the spaghetti among serving plates. Drizzle with the meat sauce. Serve.

Rice Cooker One-pot Japanese Pork Belly Curry Rice

Utensil: rice cooker
Yield: 2 to 4 servings
*refer to p.74 for the steps

INGREDIENTS

① 300 g pork belly
② 1 small carrot
③ 1 small potato
④ 1 small apple
⑤ 2 cups white rice (use the rice cooker measuring cup)
⑥ 2 cups water (use the rice cooker measuring cup)

MARINADE

⑦ 2 tsp light soy sauce
⑧ 2 tsp sugar
⑨ 1/2 tsp cornstarch
⑩ 1/4 tsp salt
⑪ 2 tsp cooking oil

SEASONING

⑫ 2 to 3 Japanese curry roux cubes (about 30 to 55 g)

METHOD

1. Rinse the ① pork belly and cut into pieces. Add ⑦ light soy sauce, ⑧ sugar, ⑨ cornstarch and ⑩ salt. Mix well and add ⑪ oil. Leave it briefly.
2. Cut ② carrot and ③ potato into small pieces. Peel and core the ④ apple. Dice it (fig a).
3. Finely chop the ⑫ Japanese curry roux cubes (fib b). (Skip this step if you're using a curry paste instead.)
4. Rinse the ⑤ white rice and put it into the rice cooker. Add ⑥ water and chopped curry roux cubes. Mix well. Then arrange carrot, potato, apple and pork belly on top (fig c). Turn on the rice cooker and use the "white rice" cooking mode. Let it finish the cycle once. Open the lid and fluff the rice to mix well (fig d). Optionally, sprinkle with finely chopped spring onion or white sesames. Serve.

Aromatic Fried Rice

Utensil: a wok
Yield: 2 to 3 servings
*refer to p.78 for the steps

INGREDIENTS

① 3 bowls day-old rice
② 3 eggs
③ 2 to 3 tbsp finely diced ginger
④ 2 to 3 tbsp grated garlic
⑤ 6 sprigs spring onion (diced, about 1 bowl)
⑥ 1/3 bowl diced onion
⑦ 1/3 bowl diced green bell pepper (or sweet corn kernels, diced cucumber or carrot)
⑧ 1/2 bowl sliced chicken franks (or diced Cantonese pork sausage, or cooked ham)

SEASONING

⑨ 1 tbsp fish sauce
⑩ 2 tsp sesame oil
⑪ 1 tsp sugar
⑫ ground white pepper
⑬ salt

METHOD

1. Heat some oil in a wok. Crack in the ② eggs and sprinkle with a pinch of salt. Stir the eggs to cook through and break the cooked egg into bits (fig a). Set aside.
2. In the same wok, heat up some oil and stir-fry ③ ginger, ④ garlic and ⑥ onion until fragrant. Put in the ⑧ chicken franks. Toss until lightly browned. Put in the ① rice and keep tossing over medium-high heat until the rice grains are separable from each other without clumping together.
3. Put in the seasoning from ⑨ to ⑬. Taste it and seasoning further if needed. Put in the egg bits, diced ⑤ spring onion and ⑦ bell pepper. Toss well (fig b,c). Serve.

Home-style and Banquet Dishes

Rice Cooker Salt-baked Hand-shredded Chicken

Utensil: rice cooker
Yield: 4 servings
*refer to p.82 for the steps

INGREDIENTS

① 1 chilled, dressed chicken (I prefer free-range ones from Health Farm)
② 3 tsp table salt
③ 1 pack seasoning mix for salt-baked chicken (25 g)
④ 8 slices ginger
⑤ 3 sprigs spring onion (cut into short lengths)
⑥ 3 to 4 shallots (cut into halves)
⑦ 1 to 2 small cucumber (sliced)
⑧ toasted white sesames

METHOD

1. Cut off the tail of the ① chicken. Remove all innards and rinse well. Wipe dry.
2. Mix ② table salt and ③ seasoning mix for salt-baked chicken in a bowl. Rub the mixture evenly on the chicken in this particular order: chicken breast, thighs, back, the inside of the chicken, and lastly the wings (fig a). Tuck the chicken feet inside the chicken and put 4 slices of ④ ginger in as well. Leave the chicken to rest for 10 minutes.
3. In the inner pot of the rice cooker, evenly arrange the remaining sliced ginger, ⑤ spring onion and ⑥ shallots on the bottom (fig b). Put the chicken in. Turn on the rice cooker and let it run on "white rice" cooking mode. After it completes the cycle, check for doneness by poking the fleshiest part of the thigh with a chopstick. It's done if the juices run clear. If they look bloody, turn on "white rice" cooking mode once more and cook for 8 to 15 minutes tops.
4. Slice ⑦ cucumbers and arrange on a plate.
5. Check the chicken for doneness (fig c). Leave the chicken to cool at room temperature. De-bone the chicken and tear the meat into bite-size pieces with your hands. Arrange shredded chicken over a bed of cucumber on the plate. Drizzle with the chicken juices in the rice cooker. Sprinkle with ⑧ toasted sesames. Serve.

No-bake Lemon and Thyme Chicken Wings

Utensil: a wok
Yield: 3 to 4 servings
*refer to p.84 for the steps

INGREDIENTS

① 12 chicken wings
② 3 slices lemon
③ 1 tbsp grated garlic
④ 2 tsp thyme (fresh or dried)
⑤ 10 to 15 g butter

SEASONING

⑥ 2 tsp light soy sauce
⑦ 1 tsp dark soy sauce
⑧ 1 tbsp white wine
⑨ 2 tsp sugar
⑩ 1 tbsp lemon juice
⑪ 1/2 tsp salt

METHOD

1. Rinse the ① chicken wings. Wipe dry.
2. In a mixing bowl, put ③ grated garlic, ④ thyme and seasoning from ⑥ to ⑪. Mix well. Put in the chicken wings and mix again. Leave them to marinate for 10 minutes (fig a).
3. Lay two sheets of aluminium foil on a plate. Arrange the chicken wings on top. Top with ② sliced lemon and ⑤ butter (fig b). Cover with another sheet of aluminium foil. Fold along the edges to seal the aluminium foil into an airtight package (fig c).
4. Steam the aluminium package over boiling water for 25 to 30 minutes (depending on how strong the heat is). Turn off the stove and keep the lid on. Leave them to rest in the wok or steamer for 5 more minutes.
5. Cut the aluminium foil and squeeze some lemon juice over the wings. Serve.

Rice Cooker Wine-scented Braised Pork Belly

Utensil: rice cooker
Yield: 3 to 4 servings
*refer to p.89 for the steps

INGREDIENTS

① 1 strip pork belly
② 4 cloves garlic (crushed)
③ 3 to 4 slices ginger
④ 2 sprigs spring onion (cut into short lengths)

MARINADE

⑤ 2 tbsp light soy sauce
⑥ 1 tbsp dark soy sauce
⑦ 2 tbsp oyster sauce
⑧ 2 tbsp Chinese rose wine
⑨ 1 tbsp sugar
⑩ 1/2 tsp ground white pepper
⑪ 1/2 can beer

METHOD

1. Pour water in a large bowl and add 2 tsp of cornstarch. Put in the ① pork belly and soak it for 5 to 10 minutes. This would help draw the blood and the gamey taste out of the pork.
2. Rinse the pork belly. Wipe dry.
3. In a large ziplock bag, add ② garlic, ③ ginger, ④ spring onion and the marinade ingredients from ⑤ to ⑩. Mix well. Put in the pork belly. Rub the marinade evenly over the pork (fig a-c). Seal the bag and refrigerate overnight.
4. Put the pork belly into a rice cooker. Pour in ⑪ beer (fig d). Turn on the rice cooker and let it run on "white rice" cooking mode for 20 to 30 minutes. Check the pork for doneness by piercing it with a chopstick (fig e). Slice it and serve.

Granny Fong's Braised Shiitake Mushrooms in Oyster Sauce

Utensil: a pot
Yield: 3 to 4 servings
*refer to p.90 for the steps

INGREDIENTS

① 12 to 16 dried shiitake mushrooms
② 1 tbsp grated garlic
③ 2 shallots (finely chopped)

SEASONING

④ 1 tbsp rock sugar (crushed)
⑤ 2 tbsp oyster sauce
⑥ chicken stock

METHOD

1. Soak ① dried shiitake mushrooms in warm water overnight till soft. Drain well and squeeze dry.
2. Heat some oil in a pot. Stir-fry ② grated garlic and ③ chopped shallots. Add shiitake mushrooms and stir-fry till fragrant.
3. Add seasoning ④ and ⑤. Stir well. Add ⑥ chicken stock to cover shiitake mushrooms. Simmer for 20 to 30 minutes until mushrooms are tender and flavourful (fig a). Turn up the heat and reduce the sauce (depending on the sizes of the mushrooms and the heat of your stove). Serve.

Granny Fong's Cheese and Crabstick Spring Rolls

Utensil: a small pot
Yield: 8 spring rolls
*refer to p.93 for the steps

INGREDIENTS

① 8 spring roll wrappers
② 8 imitation crabsticks
③ 1 carrot
④ 1 baby cucumber
⑤ 2 slices cheddar cheese
⑥ 1 egg (whisked)

METHOD

1. Cut ④ cucumber and ③ carrot into strips (trimmed shorter than imitation crabsticks, fig a). Thaw the ② imitation crabsticks. Rinse celery, carrot and imitation crabsticks. Wipe dry with paper towel (fig b). Otherwise, the moisture in them may make the spring roll soggy.
2. Cut each slice of ⑤ cheese into 4 equal strips.
3. Put celery, carrot, an imitation crabstick and a strip of cheese on top of ① a spring roll wrapper. Fold each edge of the wrapper towards to the centre and roll into a log shape. Brush ⑥ whisked egg on the loose end to secure (fig c-f). Repeat this step until all ingredients are used up.
4. Heat a pot of oil. When the oil is hot enough, deep-fry the spring rolls until crispy and golden. Drain and let them rest on paper towel. Save on a serving dish and serve.

Korean Kimchi and Tofu Stew in Claypot

Utensil: a wok / a small pot or Korean claypot
Yield: 3 to 4 servings
*refer to p.96 for the steps

INGREDIENTS

① 200 to 250 g ground pork
② 200 g cabbage kimchi
③ 1 pack tofu (cut into pieces)
④ 2 tbsp grated garlic
⑤ 6 to 7 sprigs spring onion (diced)
⑥ 1 egg
⑦ 1 tbsp sesame oil
⑧ 300 to 400 ml chicken stock

MARINADE

⑨ 2 tsp light soy sauce
⑩ 2 tsp sugar
⑪ 1 tsp cornstarch

SEASONING

⑫ 1 tbsp gochugaru (Korean chilli powder, adjust the amount according to your preference or tolerance)
⑬ 1 tbsp light soy sauce
⑭ 1 tbsp sugar
⑮ salt

METHOD

1. Put ① ground pork in a mixing bowl. Add marinade ingredients ⑨ to ⑪ and mix well. Leave it for 5 to 10 minutes.
2. Heat a wok and add ⑦ sesame oil. Stir-fry ④ garlic and ⑤ spring onion until fragrant. Add ground pork and stir well (fig a). Put in ② kimchi and toss to mix well (fig b). Add seasoning ⑫ to ⑮ and mix again. Taste it and see if it needs further seasoning.
3. Transfer the mixture into a Korean claypot or any small pot. Pour in ⑧ chicken stock and add ③ tofu. Bring to the boil (fig c,d). Crack in ⑥ an egg. Sprinkle with chopped spring onion on the rim of the pot. Serve the whole pot.

Rice Cooker Sticky Rice with Cantonese Preserved Pork Sausage

Utensil: rice cooker
Yield: 3 to 4 servings
*refer to p.100 for the steps

INGREDIENTS

① 1 cup glutinous rice (measured with the cup that comes with your rice cooker)
② 1 cup long-grain rice (measured with the cup that comes with your rice cooker)
③ 2 Cantonese preserved pork sausages
④ 2 to 3 dried shiitake mushrooms (soaked in water till soft)
⑤ 1/2 handful of dried shrimps
⑥ 2 shallots (finely shredded)
⑦ 1 egg (or adjust the amount to your liking)
⑧ fried peanuts
⑨ diced spring onion

SEASONING FOR STICKY RICE

⑩ 2 cups water used for soaking shiitake mushrooms and dried shrimps (measured with the cup that comes with your rice cooker)
⑪ 1/2 tsp dark soy sauce

MARINADE FOR SHIITAKE MUSHROOMS

⑫ 1 tsp oyster sauce
⑬ 1 tsp sugar

SEASONING

⑭ 2 tsp light soy sauce
⑮ 2 tsp rice wine
⑯ 1 tsp sugar
⑰ salt

METHOD

1. Soak ④ shiitake mushrooms and ⑤ dried shrimps separately in water till soft. Drain and dice them. Pass the soaking water through a sieve. You'd need 2 cups of liquid (measured with the cup that comes with your rice cooker).
2. Mix ① glutinous rice with ② long-grain rice. Rinse and drain. Transfer into a rice cooker. Add ⑩ and ⑪. Mix well and turn on the rice cooker and begin the cooking cycle on "white rice" mode.
3. Soak ③ preserved pork sausages in hot water to remove the grease and dirt on the surface. Slice them and set aside.
4. Squeeze dry the shiitake mushrooms. Add ⑫ and ⑬. Mix well.
5. Heat some oil in a wok over medium heat. Stir-fry ⑥ shallots until fragrant. Add preserved

pork sausages, shiitake mushrooms and dried shrimps. Toss until fragrant (fig a). Add seasoning ⑭ to ⑰ and keep tossing until fragrant. Taste it and set aside.

6. Crack an ⑦ egg into a bowl. Add a pinch of salt and whisk it. Fry in a pan to make a thin omelette. Shred the omelette.
7. When the rice cooker has completed its cooking cycle, put the preserved pork sausage mixture over the rice. Mix well (fig b). Cover the lid and turn to "keep warm" mode. Leave the rice in the cooker for 10 more minutes.
8. Sprinkled with shredded egg omelette, ⑧ fried peanuts and ⑨ spring onion on top. Serve.

Assorted Veggies with Dried Shrimps and Mung Bean Vermicelli

Utensil: a pot
Yield: 3 to 4 servings
*refer to p.103 for the steps

INGREDIENTS

① 300 g Shanghainese bok choy (or baby bok choy)
② 1 pack baby corn
③ carrot (sliced and cut into flowers with cookie cutter)
④ 10 straw mushrooms (cut into halves)
⑤ 1 handful dried shrimps
⑥ 1 small bundle mung bean vermicelli
⑦ 8 to 10 cloves garlic (remove the skin)
⑧ 500 to 600 ml chicken stock (depending on the volume of veggies)
⑨ 2 tbsp oil

METHOD

1. Soak ⑥ mung bean vermicelli in hot water until soft (fig a). Drain and set aside.
2. Rinse the ④ straw mushrooms briefly. Wipe dry and cut into halves.
3. Heat ⑨ 2 tbsp of oil in a pot over medium heat. Add ⑦ garlic cloves and fry until golden. Turn to high heat. Add ⑤ dried shrimps and toss until fragrant.
4. Then put in ② baby corn, ③ carrot, ① Shanghainese bok choy and ④ straw mushrooms (fig b). Toss well. Pour in ⑧ chicken stock to cover all veggies. Cook until Shanghainese bok choy is medium-well done.
5. Put in the mung bean vermicelli and cook until transparent (fig c). Serve the whole pot.

1-1-2-3-4 Pork Ribs

Utensil: a wok
Yield: 3 to 4 servings
*refer to p.105 for the steps

INGREDIENTS

① 600 g pork ribs
② 3 cloves garlic (crushed)
③ 4 slices ginger

SEASONING

④ 1 tbsp rice wine
⑤ 1 tbsp light soy sauce
⑥ 2 tbsp sugar
⑦ 3 tbsp Zhenjiang black vinegar
⑧ 4 tbsp water

METHOD

1. Put some water in a mixing bowl. Add 2 tsp of cornstarch. Mix well and put in the ① pork ribs. Soak them for 5 to 10 minutes (fig a). That would help draw the blood and dirt out of the ribs. Rinse and drain well.
2. Heat oil in a wok over medium heat. Fry ② garlic and ③ ginger until fragrant. Put in the pork ribs and fry until both sides golden.
3. Mix seasoning ④ to ⑧ together. Add the mixture to the pork ribs in the wok. Cover the lid and cook until the sauce reduces. Keep flipping the pork ribs so that the sauce clings on them evenly (fig b).

Vietnamese Mango Rice Paper Rolls

Yield: 10 servings
*refer to p.108 for the steps

INGREDIENTS

① 15 frozen shelled shrimps
② 5 sheets rice paper
③ 5 lettuce leaves
④ 1 small cucumber
⑤ 1 small carrot
⑥ 2 mangoes
⑦ drinking water

VIETNAMESE FISH SAUCE DIP

⑧ 1 tbsp fish sauce
⑨ 1 tbsp sugar
⑩ 1 tbsp white vinegar
⑪ 3 tbsp hot water
⑫ 2 tsp grated garlic
⑬ 2 bird's eye chillies (de-seeded, finely diced)

METHOD

1. Thaw the ① frozen shrimps. Devein and blanch in boiling water for 1 minute (blanching time depends on their sizes). The shrimps are cooked when they turn red. Drain and soak them in ice water until cool. Drain and wipe dry. Set aside.
2. Rinse the ③ lettuce leaves and drain well. Set aside. Peel and core the ⑥ mangoes. Cut each half of mango into 3 pieces. You should get 12 pieces altogether.
3. Grate ④ cucumber and ⑤ carrot into shreds. Squeeze them dry to remove as much moisture as possible.
4. Lay a sheet of ② rice paper flat on the counter with the smooth side down. Wet your hand with ⑦ drinking water and pat your hand over the rice paper evenly (fig a). Do not wet it too much. Otherwise, it may break easily when you fold it.
5. Arrange a lettuce leaf, shredded cucumber, shredded carrot, 3 shrimps and 2 strips of mango on the rice paper in that particular order (fig b, c). Gently fold the rice paper into a log shape. Cut it in half.
6. To make the dip, put ⑨ sugar and ⑬ hot water into a mixing bowl. Stir until sugar dissolves. Add ⑩ white vinegar and ⑧ fish sauce. Taste it and see if it needs further seasoning. Add ⑫ grated garlic and ⑬ chopped bird's eye chillies. Serve.

Sea Snails in Spicy Wine Sauce

Utensil: a wok
Yield: 3 to 4 servings
*refer to p.111 for the steps

INGREDIENTS

① 600 g sea snails
② 2 cloves garlic (crushed)
③ 2 shallots (cut into quarters)
④ 2 to 3 slices ginger
⑤ 1 tbsp Sichuan peppercorns
⑥ 1 clove star anise
⑦ 1 to 2 bird's eye chillies (adjust the amount according to your preference)
⑧ 2 to 3 sprigs coriander (cut into short lengths)

SEASONING

⑨ 1 tbsp spicy bean sauce
⑩ 1 tbsp Hoi Sin sauce
⑪ 1 tbsp light soy sauce
⑫ 1 tbsp oyster sauce
⑬ 100 ml water
⑭ 80 to 100 ml Shaoxing wine
⑮ 1 tbsp Chinese rose wine

METHOD

1. Rinse the ① sea snails. Put them into a large bowl. Add warm water and 2 tsp of cornstarch. Mix well. Leave them for 30 minutes so that they spit out the sand. Scrub their shells with the cornstarch slurry in the bowl (fig a). Rinse well. Set aside.
2. Boil a pot of water. Put in the sea snails and cook for 4 to 5 minutes (depending on their sizes). Rinse in cold water to cool them down. Remove their operculums (fig b).
3. Heat oil in a wok over medium-high heat. Stir-fry ingredients ② to ⑥ until fragrant. Add seasoning from ⑨ to ⑫. Stir to mix well and cook till fragrant. Put in the sea snails from step 2. Toss over high heat until fragrant (fig c).
4. Add ⑬ water and ⑭ Shaoxing wine. Cover the lid and cook for 2 minutes. Add ⑦ bird's eye chillies and ⑧ coriander. Toss well. Turn off the heat.
5. Drizzle with ⑮ Chinese rose wine along the rim of the wok. Serve.

Fried Shrimps in Salted Egg Yolk Sauce

Utensil: a wok
Yield: 4 to 5 servings
*refer to p.114 for the steps

INGREDIENTS

① 8 to 10 large shrimps
② cornstarch
③ 2 to 3 cloves garlic
④ 3 to 4 salted egg yolks
⑤ 30 to 35 g butter
⑥ 2 tsp sugar
⑦ 1/4 tsp salt

METHOD

1. Rinse the ④ salted egg yolks. Steam over high heat for 10 to 20 minutes until soft. Mash them with a fork (fig a).
2. Prepare the ① shrimps (refer to p.23 for tips on preparing). Wipe dry the shrimps and coat them in ② cornstarch on both sides (fig b).
3. Heat oil in a wok and stir-fry ③ garlic over medium-high heat until fragrant. Discard the garlic. Put in the shrimps and sprinkle with a pinch of salt on both sides. Fry until golden. Set aside.
4. In another wok, heat ⑤ butter over low heat until it melts. Add salted egg yolks, ⑥ sugar and ⑦ salt. Toss until bubbly (fig c). Taste it and season further if needed. Turn off the heat.
5. Put the shrimps back into the sauce. Toss to coat them evenly (fig d). Serve.

Thai Fried Fish Cake

Utensil: a frying pan
Yield: 2 to 3 servings
*refer to p.117 for the steps

INGREDIENTS

① 500 g minced dace
② 6 to 8 Kaffir lime leaves
③ 1 tbsp sugar

THAI DIPPING SAUCE

④ 1 tbsp sugar
⑤ 3 tbsp hot water
⑥ 1 tsp fish sauce
⑦ 2 tbsp white vinegar
⑧ 1 shallot (finely chopped)
⑨ bird's eye chillies (diced)

METHOD

1. Rinse ② Kaffir lime leaves. Cut off the tough vein in the centre (fig a). Roll them up and shred them finely.
2. Add Kaffir lime leaves and ③ sugar into the ① minced dace. Mix well (fig b).
3. Heat some oil in a pan over medium heat. Put in the minced dace mixture and press it into a big patty with a spatula. Fry on both sides until golden and cooked through (fig c). Remove from heat and slice it into strips. Save on a serving plate.
4. To make the dipping sauce, add ④ sugar to ⑤ hot water in a bowl. Stir until sugar dissolves. Add ⑥ fish sauce and ⑦ white vinegar. Taste it and see if it needs further seasoning. Add ⑧ shallot and ⑨ bird's eye chillies. Serve on the side.

No-bake One-bite Honey-glazed Char Siu Pork

Utensil: a frying pan
Yield: 3 to 4 servings
*refer to p.119 for the steps

INGREDIENTS

① 300 g pork shoulder butt
② 2 tsp honey
③ 1 tbsp hot water

SEASONING

④ 2 tbsp Chu Hau sauce
⑤ 1 tbsp Cha Siu sauce
⑥ 1/2 tsp five-spice powder
⑦ 1 tsp sugar

METHOD

1. Rinse the ① pork shoulder butt. Drain and wipe dry. Cut into bite-size pieces (fig a).
2. Mix seasoning ④ to ⑦ together. Put the pork into the mixture and mix well (fig b). Marinate in the refrigerator overnight.
3. Mix ② honey and ③ hot water into a honey glaze. Set aside.
4. Heat 2 tbsp of oil in a frying pan over medium heat. Fry the pork with the lid on for 1 minute. Flip the pork to fry the other side. Brush on the honey glaze from step 3. Cover the lid and fry for 1 more minute (fig c). Repeat this step with the other two sides of the pork cubes until all sides golden. Serve.

Teriyaki Nagaimo Beef Rolls

Utensil: a frying pan
Yield: 4 servings
*refer to p.121 for the steps

INGREDIENTS

① 300 g thinly sliced beef
② 1 stem nagaimo (mountain yam, about 300 g)
③ 1 sprig spring onion (diced)
④ toasted white sesames

SEASONING

⑤ 2 tbsp Japanese soy sauce
⑥ 2 tbsp mirin
⑦ 2 tbsp sake (Japanese rice wine)
⑧ 2 tsp sugar

METHOD

1. Peel the ② nagaimo. Put it in water and add 1 tbsp of white vinegar. Soak it for about 5 minutes. Drain and wipe dry. Cut into short segments.
2. Lay a slice of ① beef on the counter. Put a segment of nagaimo on the beef. Roll the beef around the nagaimo (fig a). Repeat this step until all beef and nagaimo are used up.
3. Mix seasoning ⑤ to ⑧ into a teriyaki sauce. Set aside.
4. Heat a frying pan over medium-low heat. Put in the nagaimo beef rolls and fry until medium-well done (fig b). Pour in the teriyaki sauce from step 3. Cook until it reduces slightly. Sprinkle with ③ diced spring onion. Turn off the heat and transfer onto a serving dish. Sprinkle with ④ sesames on top. Serve.

Eight-treasure Prosperity Toss Salad

Utensil: a pot
Yield: 3 to 4 servings
*refer to p.124 for the steps

INGREDIENTS

① 1 bundle Japanese soba (adjust the amount to your liking)
② 15 to 20 shelled shrimps (depending on their sizes)
③ 8 to 10 slices sashimi-grade salmon
④ 1/2 hand-shredded chicken (refer to p.163 for the recipe of rice cooker salt-baked hand-shredded chicken)
⑤ 1/2 yellow bell pepper
⑥ 1/4 purple onion
⑦ 1 small carrot
⑧ 1 cucumber

MARINADE

⑨ 1/2 tsp sugar
⑩ 1/2 tsp light soy sauce
⑪ ground white pepper

SEASONING

⑫ 1/2 bowl Japanese sesame dressing
⑬ toasted white sesames

METHOD

1. Marinate the ② shrimps in the marinade ⑨ to ⑪. Mix well. Leave them for 3 to 5 minutes. Heat some oil in a wok. Stir-fry the shrimps over medium-low heat until done. Set aside.
2. Finely shred the ⑤ bell pepper and ⑥ purple onion. Set aside. Grate ⑦ carrot and ⑧ cucumber into fine shreds (fig a). Set aside.
3. Boil water in a pot. Put in the ① Japanese soba and cook according to the instructions on the package. Drain and rinse in cold drinking water. Drain again. Put the Japanese soba into a large bowl and toss them in chicken oil from the hand-shredded chicken. That would stop the noodles from sticking together (fig b).
4. On a large serving platter, roll the ③ sliced salmon into roses. Arrange ④ hand-shredded chicken. Then put on the shredded ingredients from step 2 neatly. Drizzle with ⑫ Japanese sesame dressing and sprinkle with ⑬ white sesames at last. Serve.

Easy Appetizers

Coiling Cucumber Salad

Yield: 3 to 4 servings
*refer to p.128 for the steps

INGREDIENTS

① 3 baby cucumbers (or 2 cucumbers)
② 2 tbsp grated garlic
③ 1 sprig coriander (finely chopped)
④ bird's eye chilli
⑤ deep-fried peanuts

SEASONING

⑥ 2 tbsp white vinegar
⑦ 2 tbsp Zhenjiang black vinegar
⑧ 2 tbsp sugar
⑨ 1 tbsp sesame oil
⑩ 1 tbsp oyster sauce
⑪ salt

METHOD

1. Peel off a strip of skin on both sides of each ① cucumber. Stabilise the cucumber on a chopping board by putting it with one cut side down. Put two bamboo or wooden chopsticks on the chopping board so that the cucumber is between them. Use the chopsticks as a guide when you slice the cucumber so that you won't cut all the way through.
2. Make cuts on the cucumber at 2 mm intervals across the length from one end to the other. Cut till the knife hit the chopsticks (fig a).
3. Flip the cucumber so that the other cut side faces up. Slice the cucumber at a 45-degree angle at 2 mm intervals from one end to the other. Again, cut till the knife hit the chopsticks (fig b).
4. Mix seasoning ⑥ to ⑪ together. Add ② garlic, ③ coriander, and ④ bird's eye chilli. Taste it and season further if needed. Put the sliced cucumbers and the dressing into a zip-lock bag (fig c, d). Mix well and leave them for 20 to 30 minutes. Coil the cucumbers onto a serving plate. Sprinkle with ⑤ deep-fried peanuts. Serve.

Cherry Tomatoes Marinated in Plum-scented Shaoxing Wine

Utensil: pots
Yield: 3 to 4 servings
*refer to p.131 for the steps

INGREDIENTS

① 20 to 30 cherry tomatoes
② 150 ml water
③ 4 to 6 dried liquorice plums
④ 60 to 80 g rock sugar (depending on your preferred sweetness)
⑤ 80 to 100 ml Shaoxing wine

METHOD

1. Rinse the ① cherry tomatoes. Cut a light cross on the top of each of them with a sharp knife (fig a). Soak them in hot water for 10 to 15 seconds until the skin pulls off. Dunk into ice water to cool off (fig b). Then peel all cherry tomatoes gently. Set aside.
2. Boil ② water in a pot. Put in ③ dried liquorice plums and ④ rock sugar. Cook until sugar dissolves. Taste it and check if it needs more sugar. Leave it to cool. Add ⑤ Shaoxing wine. Taste it again. Adjust the seasoning to achieve your desired sweetness and winey flavour.
3. Put the peeled cherry tomatoes into a glass jar. Pour in the Shaoxing marinade from step 2 (fig c). Refrigerate for 4 to 6 hours. Serve.

Isoyaki Abalones

Utensil: pots
Yield: 6 to 8 servings
*refer to p.134 for the steps

INGREDIENTS

① 6 to 8 live abalones (medium-sized)

SEASONING

② 150 ml bonito tsuyu (double concentrated)
③ 150 ml drinking water
④ 40 ml mirin
⑤ 40 ml sake (Japanese cooking wine)
⑥ 1 tsp Japanese soy sauce
⑦ 2 tbsp sugar

METHOD

1. Boil a pot of water. Put in ① abalones and leave them to soak for 30 seconds. (Soaking time depends on sizes of abalones.) (fig a) Drain and dunk into cold water to cool them off. Drain again.
2. Use a paring knife to remove the abalones from their shells. Remove the innards and the mouth parts (fig b). Dip a soft-bristle toothbrush in water and then in some cornstarch. Gently scrub off the dirt on the abalones (fig c). Optionally, you may make light crisscross cuts on the feet of the abalones (fig d).
3. Boil a pot of water. Put in the abalones and cook for 1.5 to 2.5 minutes (depending on their sizes). They are cooked through if you can insert a chopstick through the fleshiest part of the abalone. Drain immediately and dunk the abalones into ice water to cool them off.
4. In another pot, put in seasoning from ② to ⑦. Cook over low heat. Mix well and taste it. Let it cool. Adjust the seasoning if needed.
5. Put the cooled abalones into the marinade from step 4 (fig e). Refrigerate overnight and serve. They taste even better if you leave them for a day or two.

Korean Mayak Eggs

Utensil: pots
Yield: 3 to 4 servings
*refer to p.136 for the steps

INGREDIENTS

① 4 to 5 eggs (at room temperature)
② 1 tbsp toasted white sesames
③ 1 to 2 tbsp grated garlic
④ 1 to 2 tbsp finely diced onion
⑤ 1 to 2 tbsp diced spring onion
⑥ green and red chillies (cut into rings)

SEASONING

⑦ 150 ml hot water
⑧ 2 tbsp sugar
⑨ 60 to 80 ml Korean soy sauce
⑩ 2 tbsp corn syrup
⑪ 1 tbsp sesame oil

METHOD

1. Pierce a hole on the rounder end of each ① egg with a needle (fig a).
2. Boil a pot of water. Turn to medium-low heat. Carefully put in the eggs and cook for 5.5 minutes. Drain and put the eggs into ice water to cool off (fig b). Carefully shell them. Set aside.
3. To make the marinade, add ⑦ hot water to ⑧ sugar and stir until sugar dissolves. Add ⑨ soy sauce, ⑩ corn syrup and ⑪ sesame oil. Mix well. Then put in ingredients from ② to ⑥. Taste it and season further if needed. Put in the shelled eggs (fig c).
4. Refrigerate the eggs in the marinade for at least 6 hours. Turn the eggs upside down halfway through so that they pick up the colour more evenly. Serve.

Tofu Appetizer with Thousand-year Egg and Pork Floss

Yield: 4 servings
*refer to p.139 for the steps

INGREDIENTS

① 1 box soft tofu
② 1 thousand-year egg (diced)
③ 3 to 4 tbsp pork floss
④ 1 tbsp finely chopped spring onion
⑤ bird's eye chilli (finely chopped)

SAUCE

⑥ 2 tbsp oyster sauce
⑦ 1 tbsp white vinegar
⑧ 1 tsp light soy sauce
⑨ 2 tsp sugar
⑩ 2 tsp sesame oil
⑪ 2 tsp grated garlic

METHOD

1. Turn the ① tofu out of its box. As the water in tofu will release and thin the dressing out, it's advisable to let it sit for 10 minutes. Drain any liquid that comes out of it (fig a).
2. To make the dressing, mix sauce ingredients from ⑥ to ⑪. Taste it and season further if needed. Set aside.
3. Slice tofu into pieces. Arrange diced ② thousand-year egg on top. Drizzle with the dressing from step 2. Top with ③ pork floss, ④ finely chopped spring onion and ⑤ bird's eye chilli rings (optional) (fig b,c). Serve.

Nourishing Soups

Vegan Soup with Small Red Beans and Kudzu

Utensil: a soup pot
Yield: 4 servings
*refer to p.142 for the steps

INGREDIENTS

① 900 g kudzu (cut into chunks)
② 1 carrot (get the type covered in mud, rinsed, peeled and cut into small pieces)
③ 1 ear sweet corn (cut into short segments)
④ 1 piece dried tangerine peel
⑤ 75 g small red beans
⑥ 75 g hyacinth beans
⑦ 4 dried figs
⑧ 2 handfuls walnuts (about 80 g)
⑨ 2 handfuls cashew nuts (about 90 g)
⑩ 3 litres water

METHOD

1. Soak ④ dried tangerine peel in water till soft. Scrape off the white pith. Set aside.
2. Rinse and prepare ingredients from ① to ⑨ as indicated. Put all ingredients into a soup pot. Add ⑩ water and bring to the boil over high heat. Turn to low heat and cook for 1.5 hours.
3. Turn off the heat and leave the lid on. Let the soup cool off slightly. Season with salt before serving.

Pork Shin Soup with Sha Shen, Yu Zhu and Mai Dong

Utensil: a soup pot
Yield: 4 servings
*refer to p.145 for the steps

INGREDIENTS

① 600 g pork shin
② 1 piece dried tangerine peel
③ 38 g Sha Shen
④ 38 g Yu Zhu
⑤ 38 g Mai Dong
⑥ 3 dried figs
⑦ 3 litres water

METHOD

1. Boil a pot of water. Blanch the ① pork shin in boiling water. Drain and rinse in water. Set aside.
2. Soak ② dried tangerine peel in warm water until soft. Scrape off the white pith. Set aside.
3. Rinse ingredients from ③ to ⑥. Set aside.
4. Put all ingredients into a soup pot. Add ⑦ water. Bring to the boil over high heat. Turn to low heat and cook for 1.5 hours.
5. Turn off the heat and leave the lid on. Let the soup cool off slightly. Season with salt before serving.

Pork Bone Soup with Bei Qi and Dang Shen

Utensil: a soup pot
Yield: 4 servings
*refer to p.146 for the steps

INGREDIENTS

① 600 g pork bones
② 1 piece dried tangerine peel
③ 1 handful dried goji berries (about 15 g)
④ 38 g Dang Shen
⑤ 38 g Bei Qi
⑥ 38 g Huai Shan (dried yam)
⑦ 1 handful de-seeded dried longan (about 25 g)
⑧ 3 dried figs
⑨ 3 litres water

METHOD

1. Boil a pot of water. Put ① pork bones in (fig a). Bring to the boil again and drain. Rinse until running water.
2. Soak ② dried tangerine peel in warm water till soft. Scrape off the white pith. Set aside. Soak ③ dried goji berries in warm water until soft. Drain and set aside.
3. Rinse the herbal ingredients from ④ to ⑧. Set aside (fig b).
4. Put pork bones and herbal ingredients from step 3 into a soup pot. Add ⑨ water. Bring to the boil over high heat. Turn to low heat and cook for 1 hour and 10 minutes. Add goji berries. Boil for 20 more minutes.
5. Turn off the heat and leave the lid on. Wait till the soup cools off slightly. Season with salt before serving.

Silkie Chicken Soup with Coconut

Utensil: a soup pot
Yield: 4 servings
*refer to p.150 for the steps

INGREDIENTS

① 1 coconut (shelled, save the coconut water for later use)
② 1 Silkie chicken
③ 1 piece dried tangerine peel
④ 1/2 handful dried goji berries (about 7.5 g)
⑤ 2 to 4 slices dried conch (depending on their sizes)
⑥ 5 to 6 slices Huai Shan (dried yam)
⑦ 2.5 litres of water and coconut water

METHOD

1. Chop shelled ① coconut into small pieces (fig a).
2. Cut off the head and tail of the ② Silkie chicken. Rub 1 tsp of salt on the insides of the chicken. Rinse well. You may use the chicken in whole, or chop it into pieces for the flavours to be infused faster.
3. Boil a pot of water and put in the whole chicken to blanch. Rinse well. Set aside.
4. Soak ③ dried tangerine peel in warm water until soft. Scrape off the white pith and set aside. Soak ④ dried goji berries in warm water till soft. Drain and set aside.
5. Rinse the ingredients ⑤ and ⑥. Put all ingredients (except goji berries) into a soup pot.
6. Strain ⑦ the coconut water through a sieve (fig b). Add coconut water and water. They should add up to 2.5 litres. Bring to the boil over high heat. Turn to low heat and cook for 1 hour 10 minutes. Add goji berries and cook for 20 minutes.
7. Turn off the heat and leave the lid on. Let it cool off slightly. Season with salt before serving.

Vegan Soup with Cordyceps Flowers, Himematsutake and Monkey Head Mushrooms

Utensil: a soup pot
Yield: 4 servings
*refer to p.152 for the steps

INGREDIENTS

① 2 dried monkey head mushrooms (medium-sized)
② 1 handful of dried himematsutake mushrooms (about 8 to 10 mushrooms)
③ 1 piece dried tangerine peel
④ 1 carrot (get the type covered in mud)
⑤ 1 ear of sweet corn
⑥ 2 handfuls of cashew nuts (about 90 g)
⑦ 2 handfuls of walnuts (about 80 g)
⑧ 1 handful of cordyceps flowers
⑨ 2.5 litres water

METHOD

1. To remove the bitterness of ① monkey head mushrooms, soak them in water and squeeze them dry repeatedly for 3 to 4 times. The water will appear brownish at first and it should turn clearer later on. Discard the soaking water and cut off the hard stems of the mushrooms. Tear into small pieces. Set aside (fig a).
2. Rinse the ② himematsutake mushrooms and soak them in water. Save the soaking water to make the soup later (fig b).
3. Soak ③ dried tangerine peel in warm water until soft. Scrape off the white pith. Set aside. Rinse the ④ carrot well and peel it. Cut into small chunks. Set aside. Peel off the leaves on the ⑤ sweet corn. Cut into short segments. Rinse the ingredients from ⑥ to ⑧. Set aside.
4. Put all ingredients (except cordyceps flowers) into a soup pot. Add ⑨ water and the water used to soak the himematsutake mushrooms (fig c). Bring to the boil over high heat. Turn to low heat and cook for 1 hour. Put in the cordyceps flowers. Cook for 30 more minutes.
5. Turn off the heat and leave the lid on. Let the soup cool off slightly. Season with salt before serving.

45道好味易煮的懶人菜式

著者
懶人包太太 MrsLazy.Kitchen

責任編輯
簡詠怡

裝幀設計
羅美齡

排版
楊詠雯

攝影
梁細權

出版者
萬里機構出版有限公司
香港北角英皇道499號北角工業大廈20樓
電話：2564 7511 傳真：2565 5539
電郵：info@wanlibk.com
網址：http://www.wanlibk.com
http://www.facebook.com/wanlibk

發行者
香港聯合書刊物流有限公司
香港荃灣德士古道220-248號荃灣工業中心16樓
電話：2150 2100 傳真：2407 3062
電郵：info@suplogistics.com.hk
網址：http://www.suplogistics.com.hk

承印者
寶華數碼印刷有限公司
香港柴灣吉勝街45號勝景工業大廈4樓A室

出版日期
二〇二三年七月第一次印刷
二〇二三年十二月第二次印刷

規格
特16開（240 mm × 170 mm）

ISBN 978-962-14-7470-4